5세에는 즐깨감 수학

기본편

와이즈만 BOOKs

임성숙

한국교원대학교 수학교육과를 졸업한 뒤 단국대학교 수학교육과에서 석사학위를 받았습니다.
지은 책으로는 〈와이즈만 수학사전〉, 즐깨감 수학 시리즈 〈논리수학퍼즐〉, 〈스토리텔링 서술형 수학〉,
〈문제 해결의 길잡이-교과서편〉 등이 있습니다.

최정선

서원대학교(구 청주사대) 수학교육과를 졸업한 뒤 동 대학원에서 석사학위를 받았습니다.
㈜창의와탐구 와이즈만 영재교육연구소와 ㈜타임교육 매쓰티안 R&D센터에서
수학 프로그램 및 교재를 개발했습니다. 지은 책으로는 즐깨감 수학 시리즈 〈3학년 도형〉,
〈4학년 도형〉, 팩토 시리즈 〈연산〉 등이 있습니다.

1판 1쇄 발행 2020년 9월 25일 | 1판 6쇄 발행 2024년 9월 30일

글 임성숙 최정선 | **그림** 정승 | **발행처** 와이즈만 BOOKs | **발행인** 염만숙
출판사업본부장 김현정 | **편집** 이혜림 양다운 이지웅
디자인 양X호랭 DESIGN
마케팅 강윤현 백미영 장하라

출판등록 | 1998년 7월 23일 제1998-000170
제조국 대한민국 | **사용연령** 4세 이상
주소 | 서울특별시 서초구 남부순환로 2219 나노빌딩 5층
전화 | 마케팅 02-2033-8987 편집 02-2033-8928
팩스 | 02-3474-1411
전자우편 | books@askwhy.co.kr **홈페이지** | mindalive.co.kr

잘못된 책은 구입처에서 바꿔 드립니다.

추천사

새로운 교육 과정은 미래 사회에 대비한 창의력과 인성을 키우는 것을 목표로 하고 있습니다. 따라서 단순 암기해야 하는 내용은 대폭 줄고, 프로젝트 학습이나 토의 토론식 수업 중심이 됩니다. 또한 각 과목 간 융합을 통한 '창의적 융합인재 육성' 이른바 'STEAM'교육이 강조되고 있습니다. 특히 수학은 논리력과 문제 해결 과정 중심으로 개편되고 있습니다. 이제까지의 단순 암기식 학습이 아니라 스스로 개념과 원리를 이해하고 탐구할 수 있는 근본적인 학습 태도와 학습 동기를 변화시키고자 하는 의지를 담고 있는 것입니다.

이러한 새로운 교육 방향이 저희 와이즈만 영재교육에게는 전혀 낯설지 않습니다. 와이즈만에서는 오래전부터 창의적인 인재를 양성하기 위해 구성주의 이론을 적용한 창의사고력 수학을 가르쳐왔기 때문입니다. 이번 '즐깨감 5세 시리즈'에서도 와이즈만 영재교육이 오랫동안 쌓아온 경험과 성과가 잘 녹아 있습니다.

'즐깨감 5세 시리즈'는 생활 속에서 접하는 상황이나 퍼즐, 게임 등과 같이 다양한 소재를 이용하여 학생들이 수학에 대한 거부감 없이 쉽게 접근할 수 있도록 하였습니다. 학생들은 본 교재를 통해 재미있는 수학을 접하고 원리를 이해하는 습관을 기르면서 수학에 대해 유연하게 사고하는 방법을 익힐 수 있습니다.

무엇보다도 '수와 연산' '도형과 공간' '규칙성과 문제해결' '측정과 분류' 같은 다양한 영역에서 집중적으로 실력을 다져 모든 영역에서 수학적 능력을 발휘할 수 있습니다.

와이즈만 영재교육 연구소는 5세 아이들이 수학 문제를 푸는 동안 즐거움과 깨달음을 얻고, 감동을 품을 수 있기를 간절히 기원합니다.

와이즈만영재교육연구소 소장
이미경

스스로 생각하는 힘을 기르는

즐깨감 시리즈

'즐깨감'은 즐거움, 깨달음, 감동의 줄임말로, 와이즈만 영재교육의 수학•과학 학습 노하우가 담긴 학습서입니다. 단순한 연산 법칙이나 공식을 암기하기보다 생활 속에서 접하는 상황이나 다양한 소재를 이용해 학생이 수학에 대한 거부감 없이 쉽게 접근하고, 수학 과학에 대한 긍정적인 태도를 갖게 합니다.

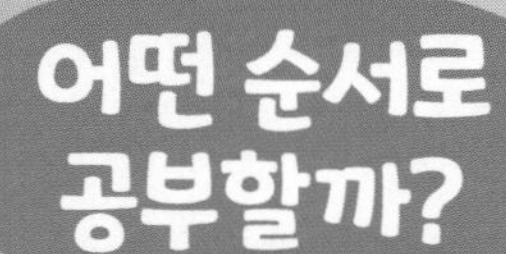

어떤 순서로 공부할까?

기본편 4가지 수학 영역의 기초를 다집니다.

영역편 영역별로 나누어 집중적으로 학습합니다.
수와 연산 / 도형과 공간 / 측정과 분류 / 확률과 통계 / 규칙성과 문제 해결

응용편 학습한 내용을 토대로 여러 가지 퍼즐 문제를 해결합니다.

실력편 난이도가 높은 창의 사고력 문제로 실력을 높입니다.

연산편 교과와 연계된 수학 문제로 내신을 완벽하게 대비합니다.

	기본편	영역편	
5세			
6세			
7세			
1학년			
2학년			
3학년			
4학년			

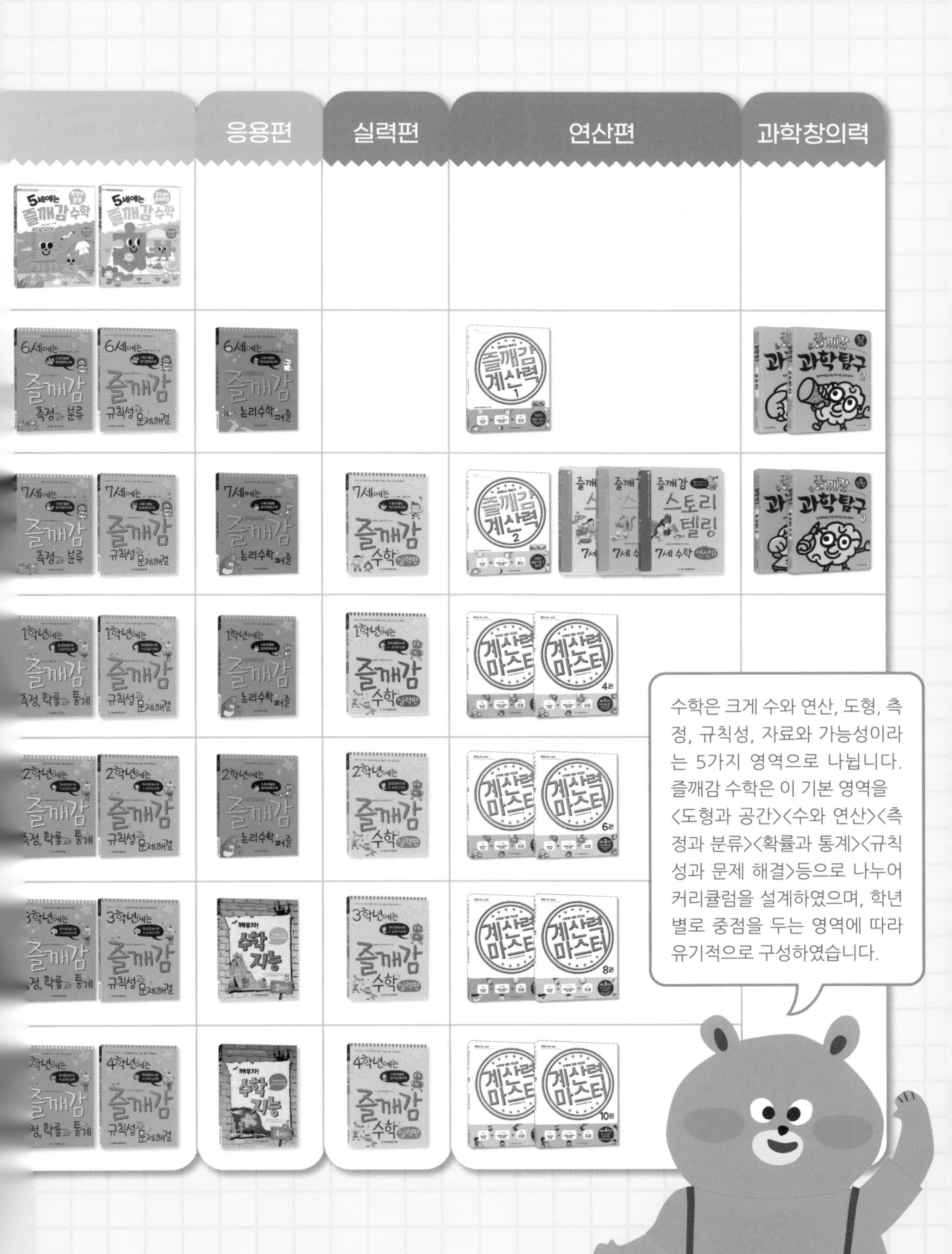
응용편
실력편
연산편
과학창의력
수학은 크게 수와 연산, 도형, 측정, 규칙성, 자료와 가능성이라는 5가지 영역으로 나뉩니다. 즐깨감 수학은 이 기본 영역을 〈도형과 공간〉〈수와 연산〉〈측정과 분류〉〈확률과 통계〉〈규칙성과 문제 해결〉등으로 나누어 커리큘럼을 설계하였으며, 학년별로 중점을 두는 영역에 따라 유기적으로 구성하였습니다.

이 책의 구성과 활용

4가지 수학 영역에 대한 아이들의 이해와 흥미를 높일 수 있는 사고력 문제로 구성하였습니다. 각 영역을 고르게 학습하면서 창의력을 기르고 문제 해결력을 높일 수 있습니다.

도형과 공간

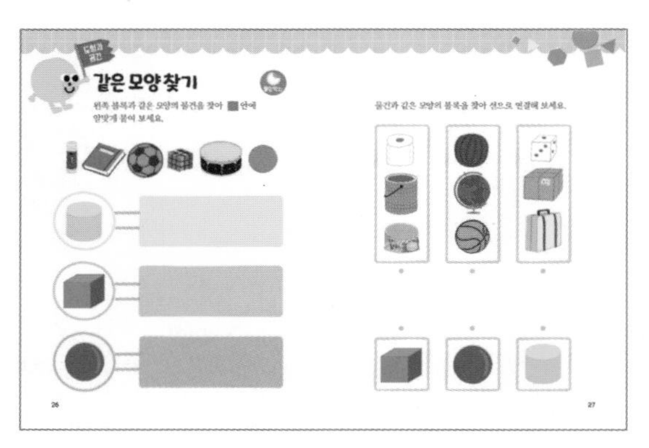

입체도형과 평면도형의 모양과 특징을 알고 구분할 수 있어요. 공간 안에서 사물의 위치 관계를 이해하고 설명할 수 있습니다.

수와 연산

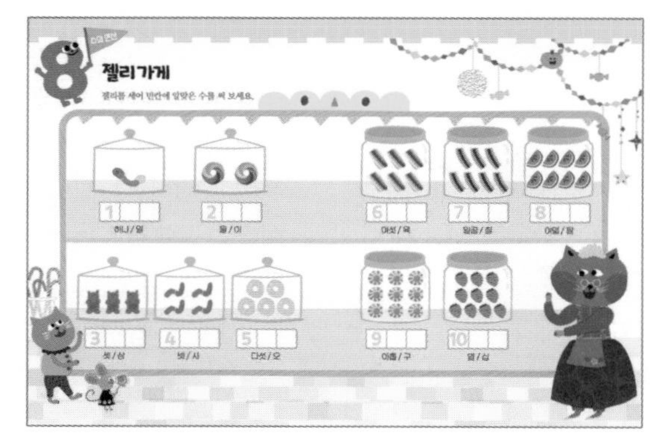

수를 세거나 읽고 쓸 수 있어요. 수 체계를 이해하고 덧셈과 뺄셈, 곱셈과 나눗셈 등의 연산 활동으로 발전시킬 수 있습니다.

측정과 분류

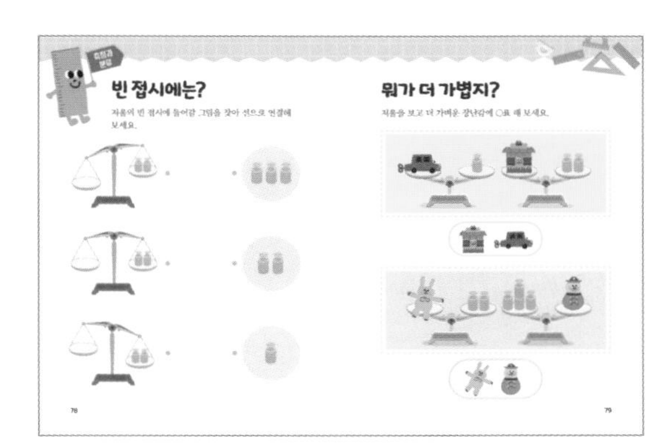

단위의 필요성을 인지하고, 생활에 유용한 기본 단위를 배울 수 있어요. 사물의 속성, 즉 길이나 무게 등을 측정하고 기준에 따라 분류할 수 있습니다.

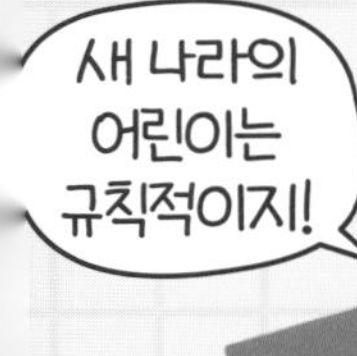

규칙성과 문제 해결

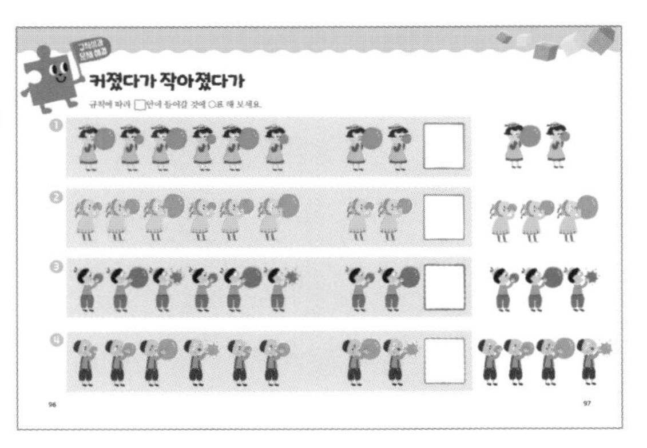

다양한 상황에서 재미있는 규칙을 찾을 수 있어요. 문제를 창의적이고 다양한 방법으로 해결할 수 있습니다.

차례

도형과 공간

수와 연산

측정과 분류

규칙성과 문제 해결

도형과 공간

학습 목표

① 안과 밖, 먼 것과 가까운 것을 구분해요.
② 위와 아래, 옆과 사이, 앞과 뒤를 알아요.
③ 입체도형을 구분하고, 여러 가지 모양을 만들어요.
④ 평면도형을 구분하고, 여러 가지 모양을 만들어요.

신나는 전통 놀이

명절에 온 가족이 모여 즐거운 놀이를 하고 있어요.
집 안에 있는 사람을 찾아 ○표 해 보세요.

신발을 바구니 밖으로 던진 친구를 찾아 △표 해 보세요.

이겨라! 이겨라!

결승선에 더 가까운 친구를 찾아 ○표 해 보세요.

무궁화꽃이 피었습니다

술래로부터 가장 멀리 있는 친구를 찾아 ○표 해 보세요.

가족사진

가족사진을 보고 아빠와 가장 가까운 순서대로 번호를 써 보세요.

1

2

③

도형과 공간

내 자리는 어디?

동물의 설명을 읽고, 알맞은 자리에 동물 붙임 딱지를 붙여 보세요.

1 내 바로 앞에는 가 있고, 내 바로 옆에는  가 있어.

2 내 뒤쪽에는 가 있고, 내 바로 옆에는 이 있어.

'뒤쪽'과 '바로 뒤'는 다른 뜻이야.

③
내 옆쪽에는 가 있고, 뒤쪽에는 아무도 없어.
④
나와 사이에 이 있고,
내 앞쪽에는 가 있어.

재미있는 블록 놀이

왼쪽 작품을 보고 알맞은 붙임 딱지를 붙여 보세요.

1

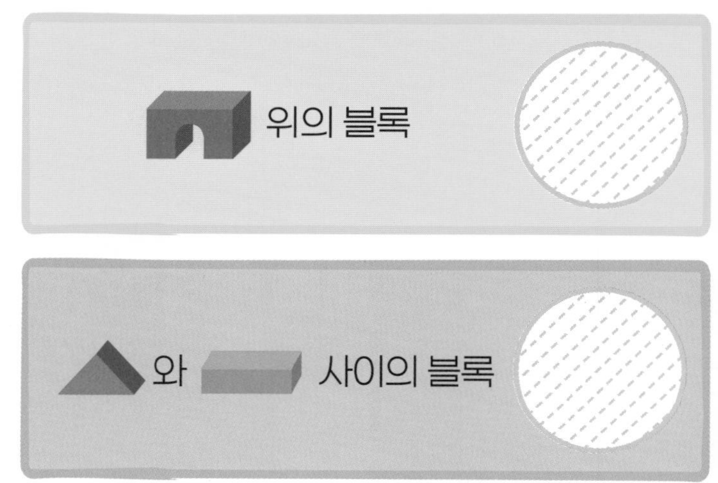

2

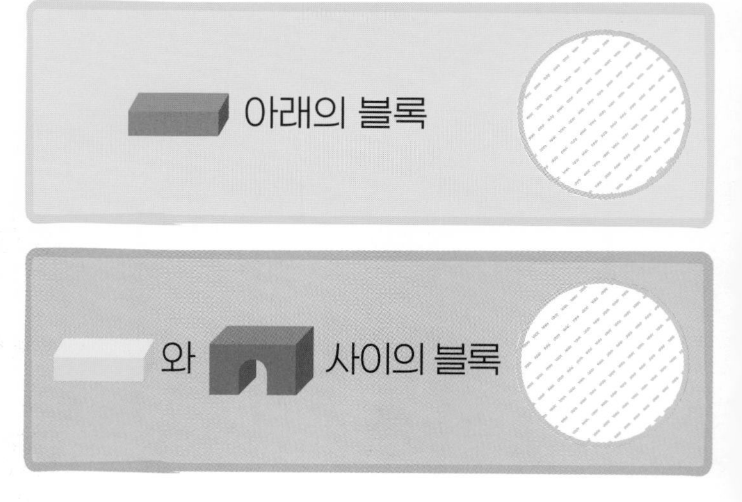

③

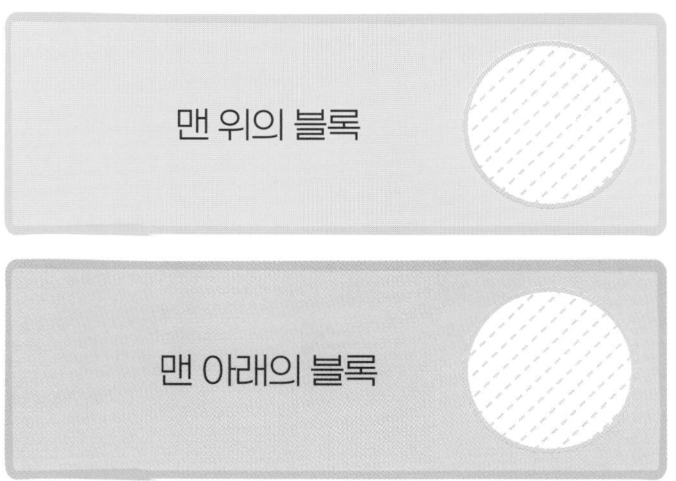

④

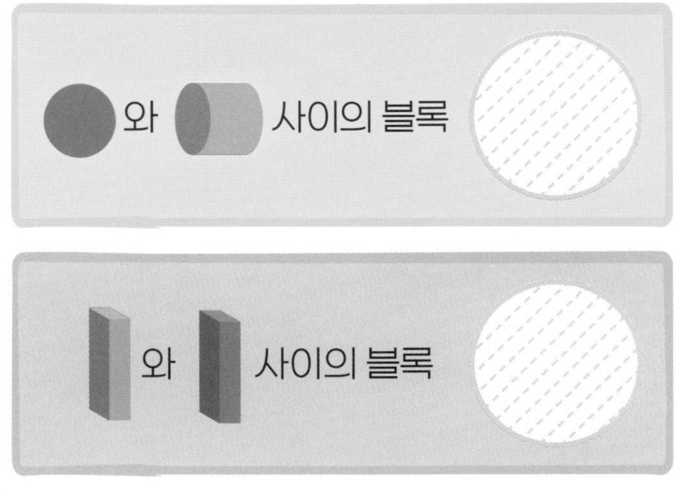

찰칵! 사진을 찍어요

사진의 일부분을 보고, 누구인지 선으로 연결해 보세요.

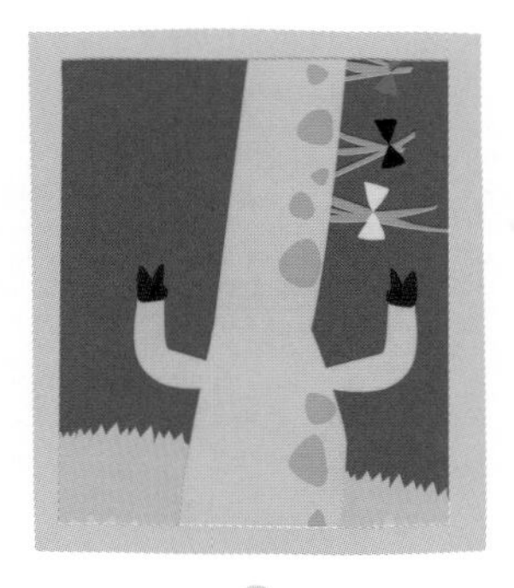

관계있는 것끼리 선으로 연결해 보세요.

도형과 공간

옷 입히기

세계 전통 의상을 오려서 빈 곳에 알맞게 붙여 보세요.

국기 완성하기

국기가 완성되도록 빈 곳에 알맞은 붙임 딱지를 붙여 보세요.

1

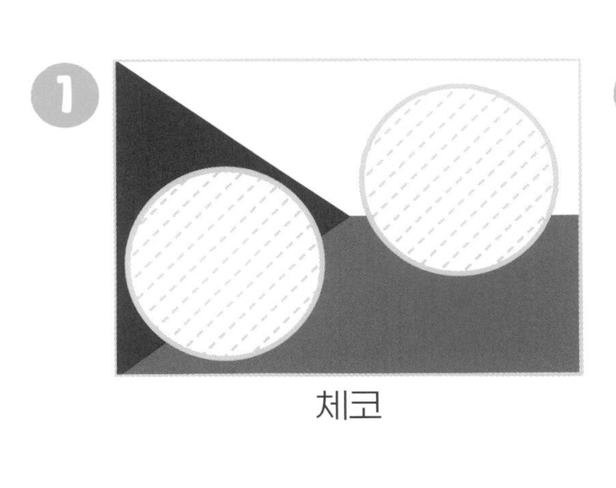

체코

2

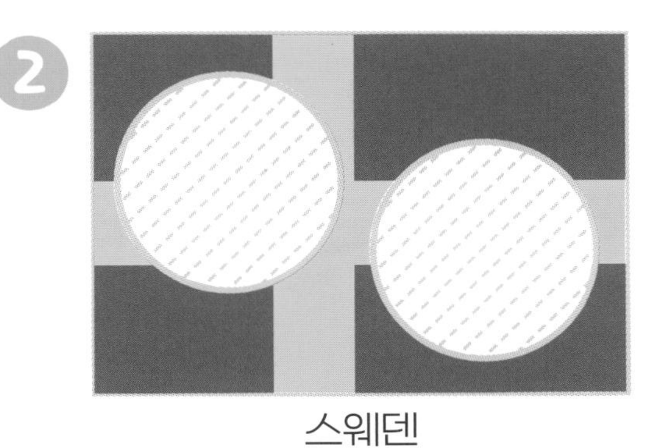

스웨덴

3

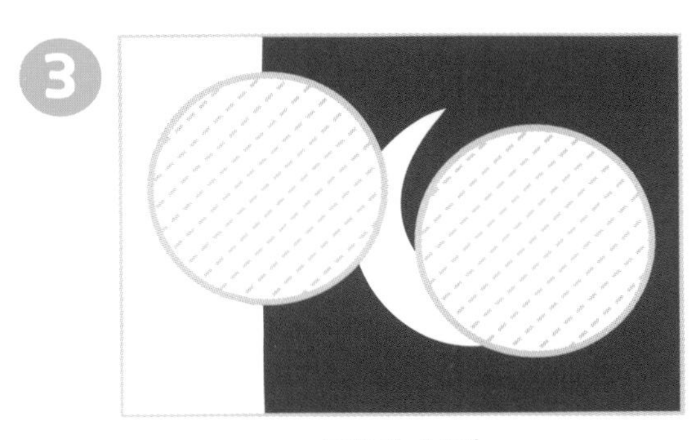

파키스탄

4

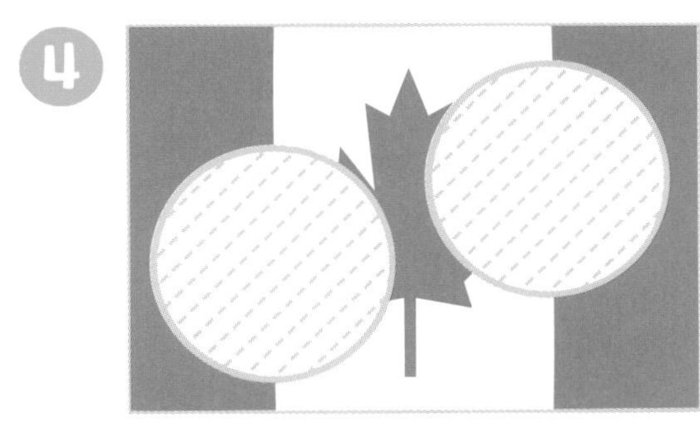

캐나다

5

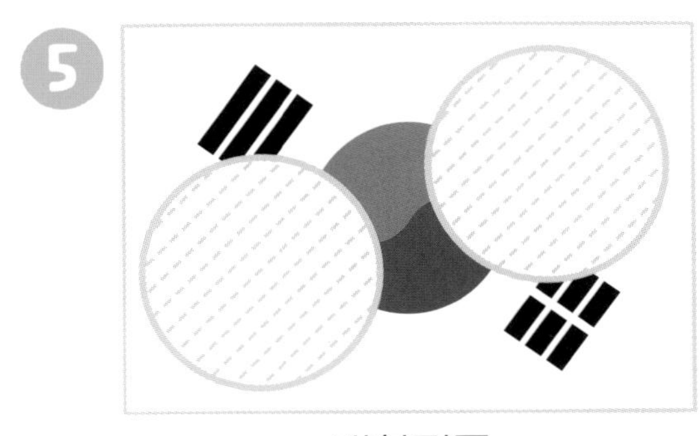

대한민국

6

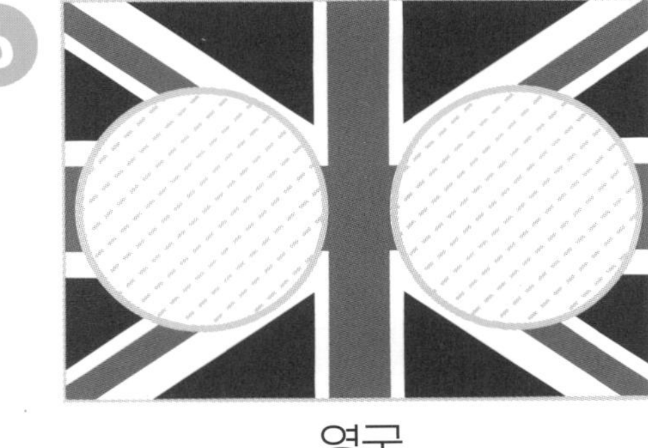

영국

도형과 공간

같은 모양 찾기

왼쪽 블록과 같은 모양의 물건을 찾아 ■ 안에
알맞게 붙여 보세요.

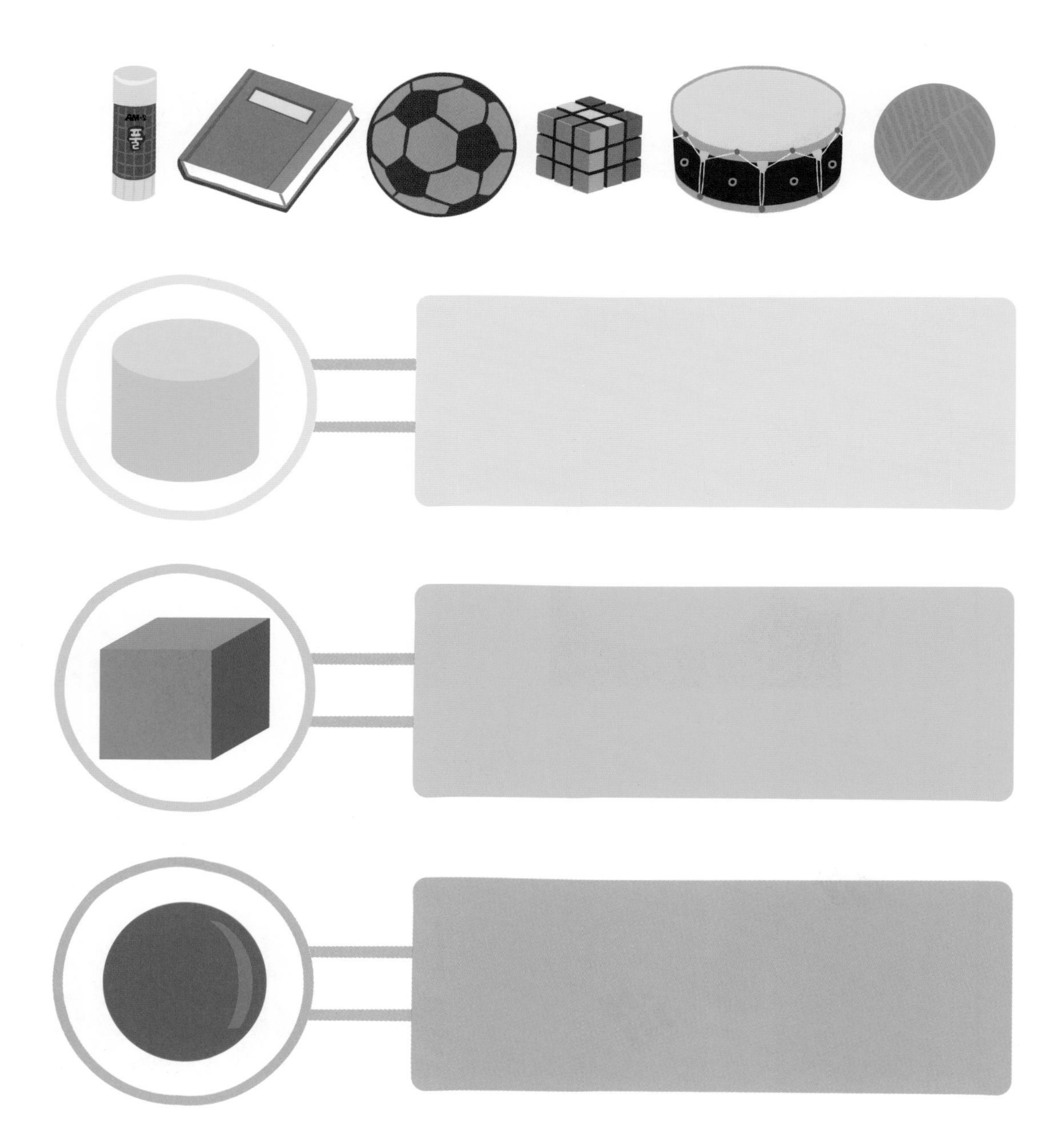

물건과 같은 모양의 블록을 찾아 선으로 연결해 보세요.

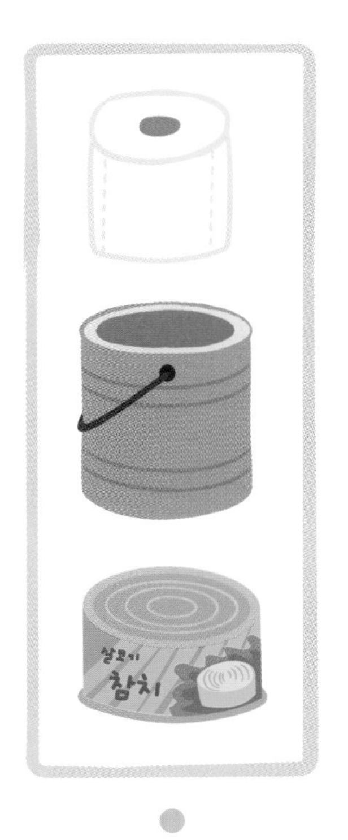

도형과 공간

짝꿍 찾기

보기 의 블록과 같은 모양을 찾아 같은 색으로 색칠해 보세요.

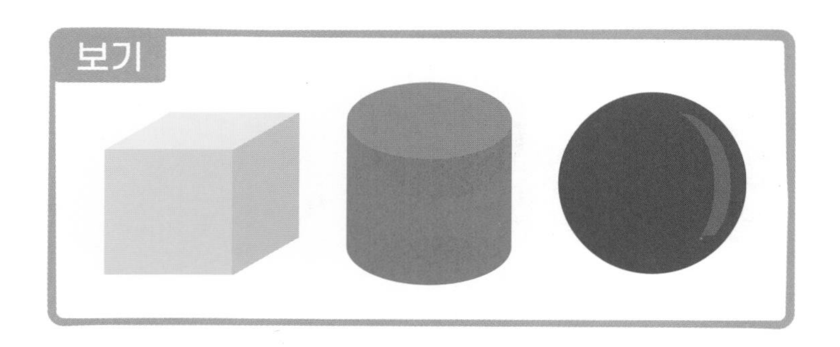

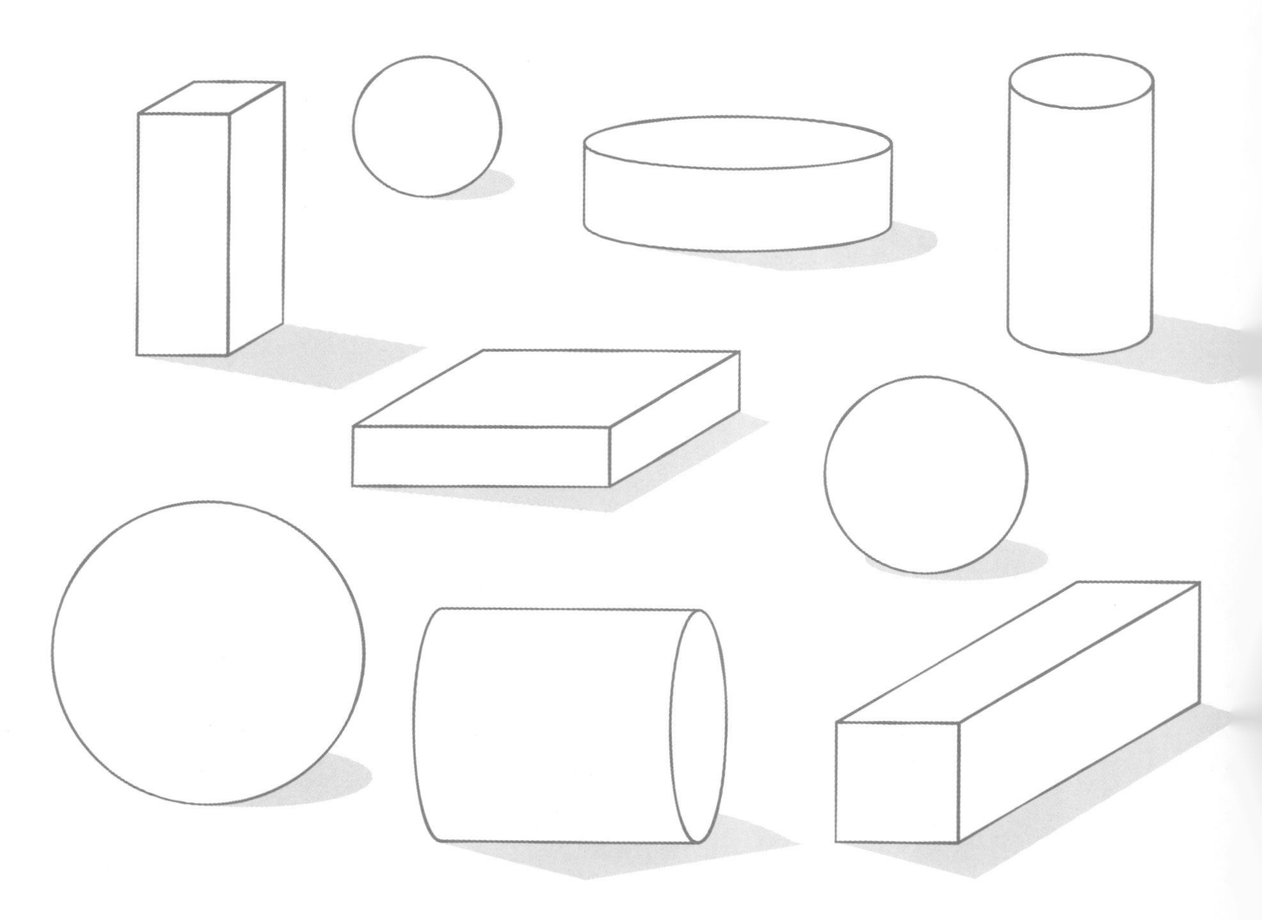

가려진 블록

블록이 가려져 있는 모습을 보고, 알맞은 것을 찾아 선으로 연결해 보세요.

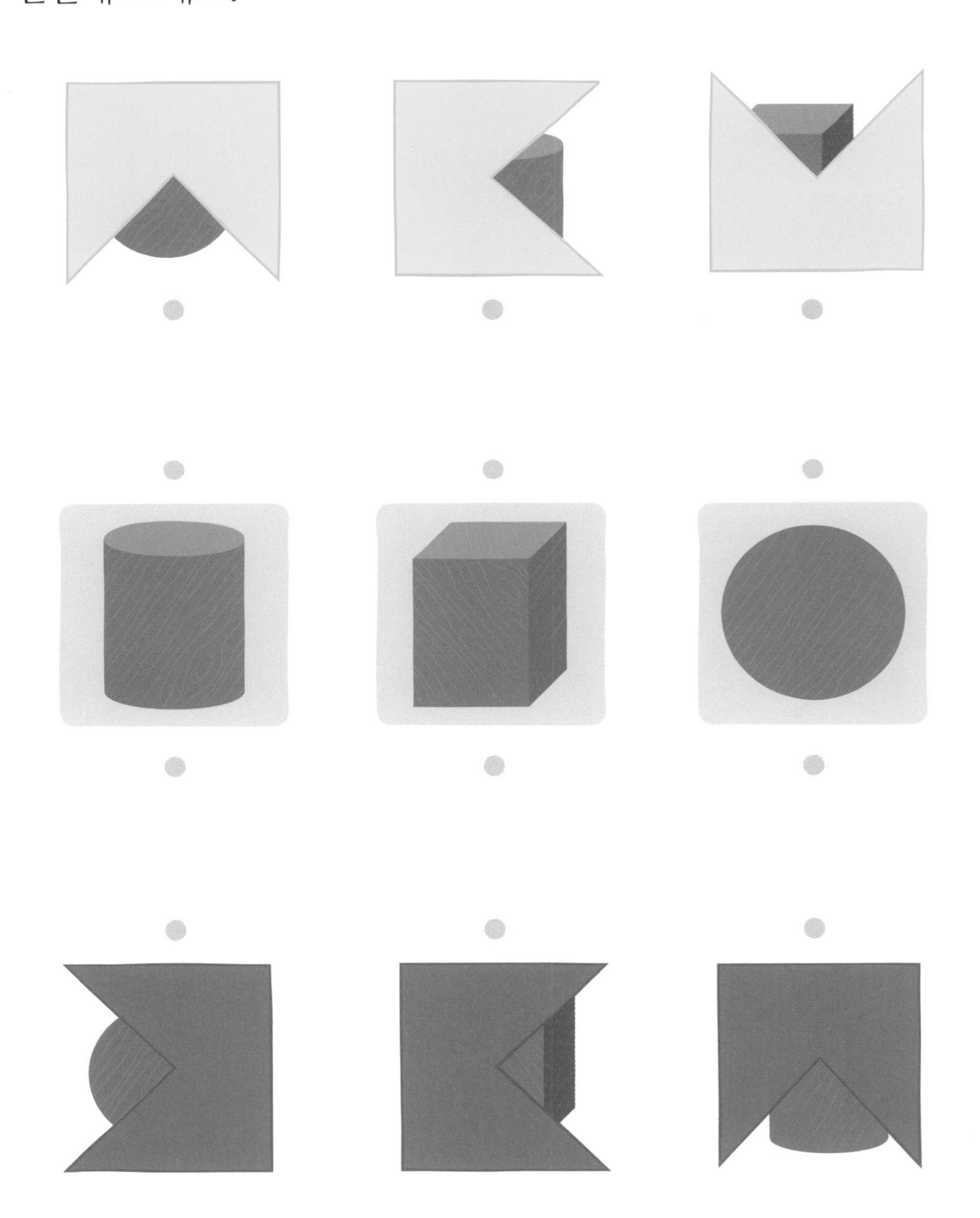

도형과 공간

사용한 블록 찾기

왼쪽의 작품을 만드는 데 사용한 블록을 모두 찾아 선으로 연결해 보세요.

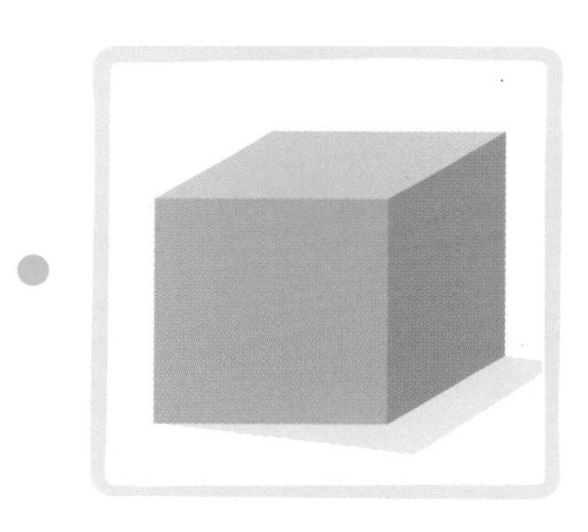

도장 찍기

블록의 윗부분으로 찍으면 나오는 모양을 찾아 ○표 해 보세요.

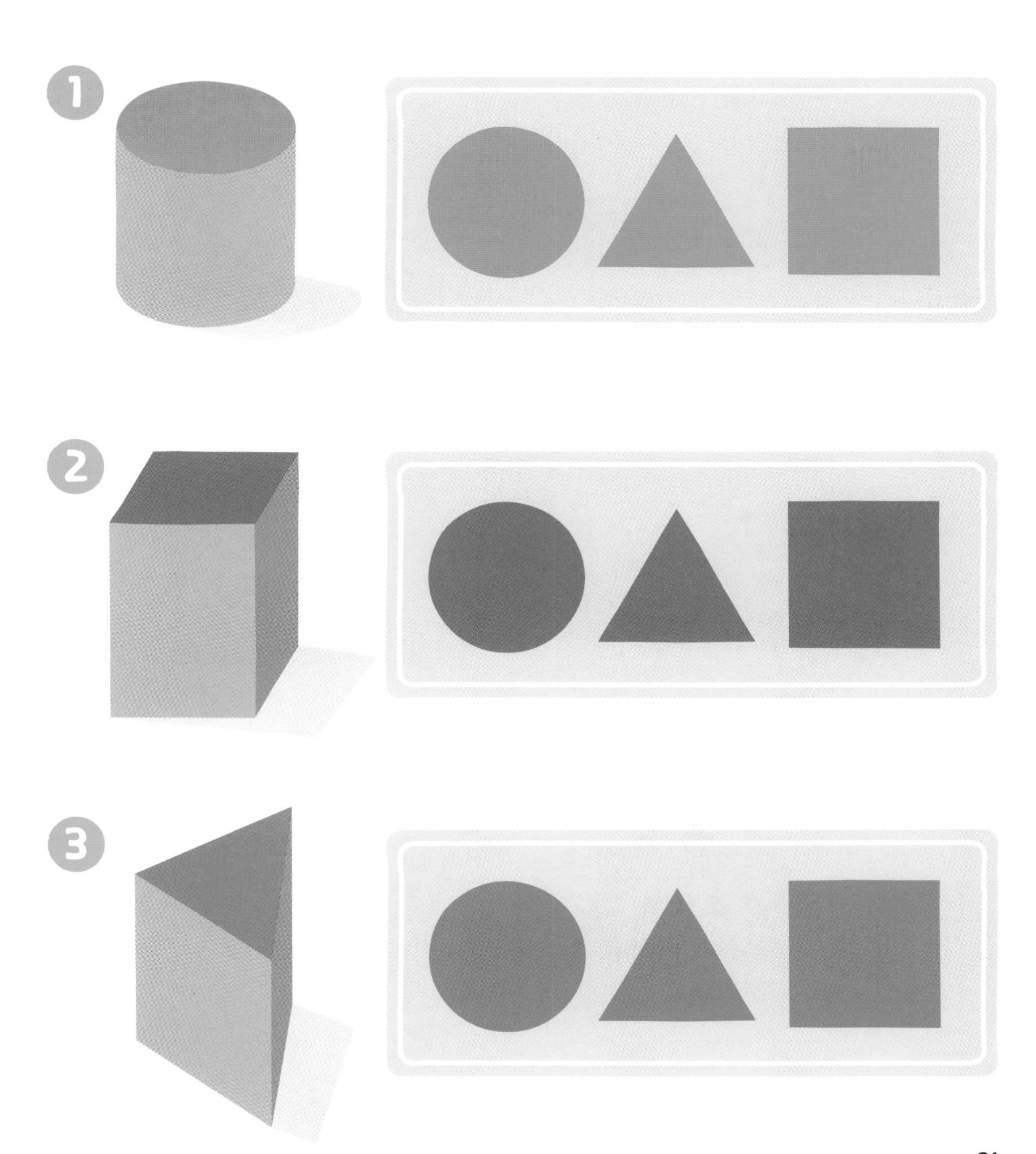

도형과 공간

같은 모양끼리

오른쪽 접시와 같은 모양의 물건을 찾아 붙임 딱지를 붙여 보세요.

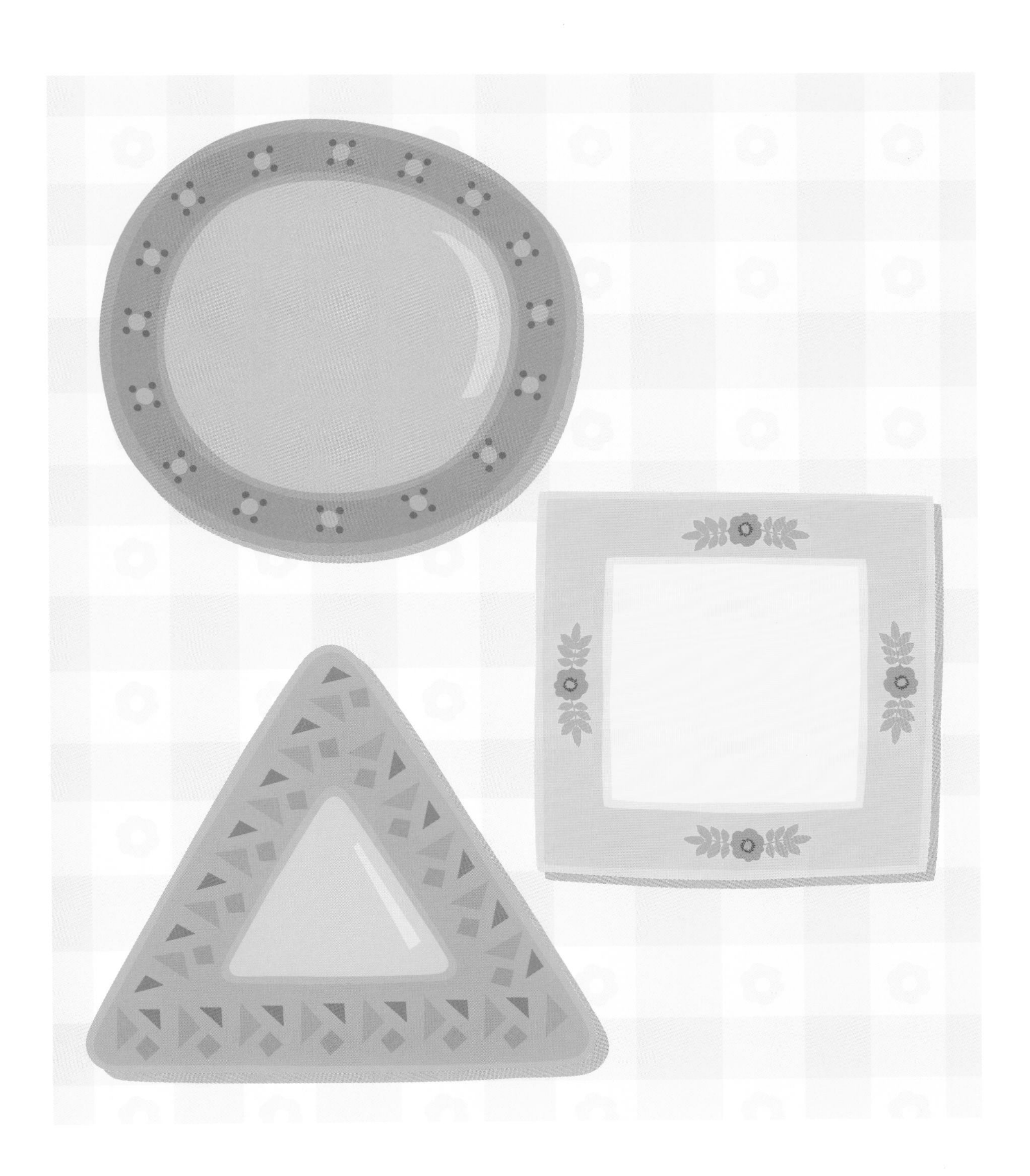

도형과 공간

내 반쪽을 찾아라!

●, ▲, ■ 모양이 되도록 선으로 연결해 보세요.

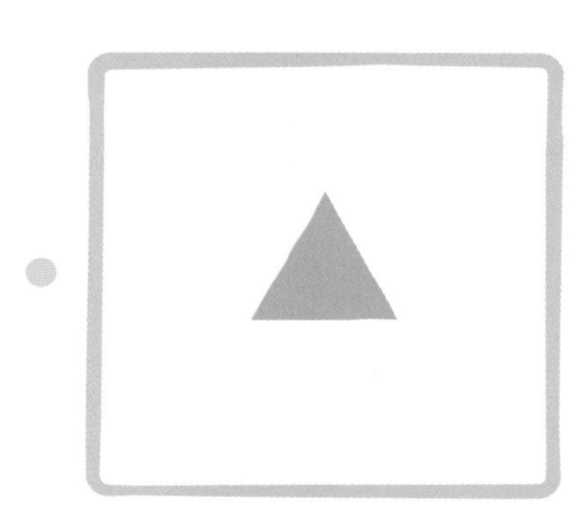

같은 모양 쿠키 찾기

쿠키를 같은 모양끼리 선으로 연결해 보세요.

나는야, 화가!

그림에 사용된 모양을 찾아 같은 색으로 색칠해 보세요.

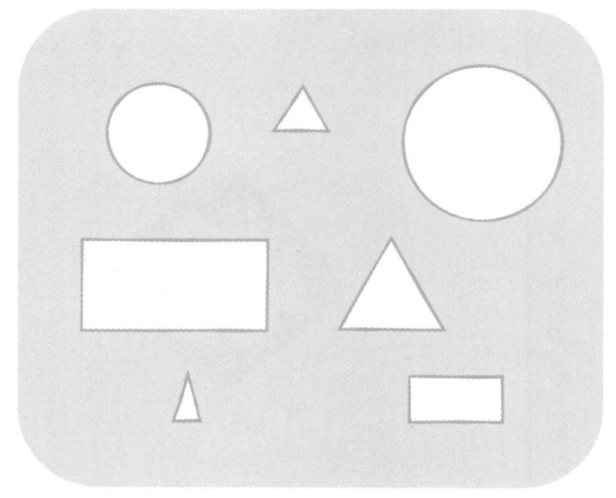

두 점판에 그려진 모양을 합하면 어떤 모양이 나오는지 빈 점판에 그려 보세요.

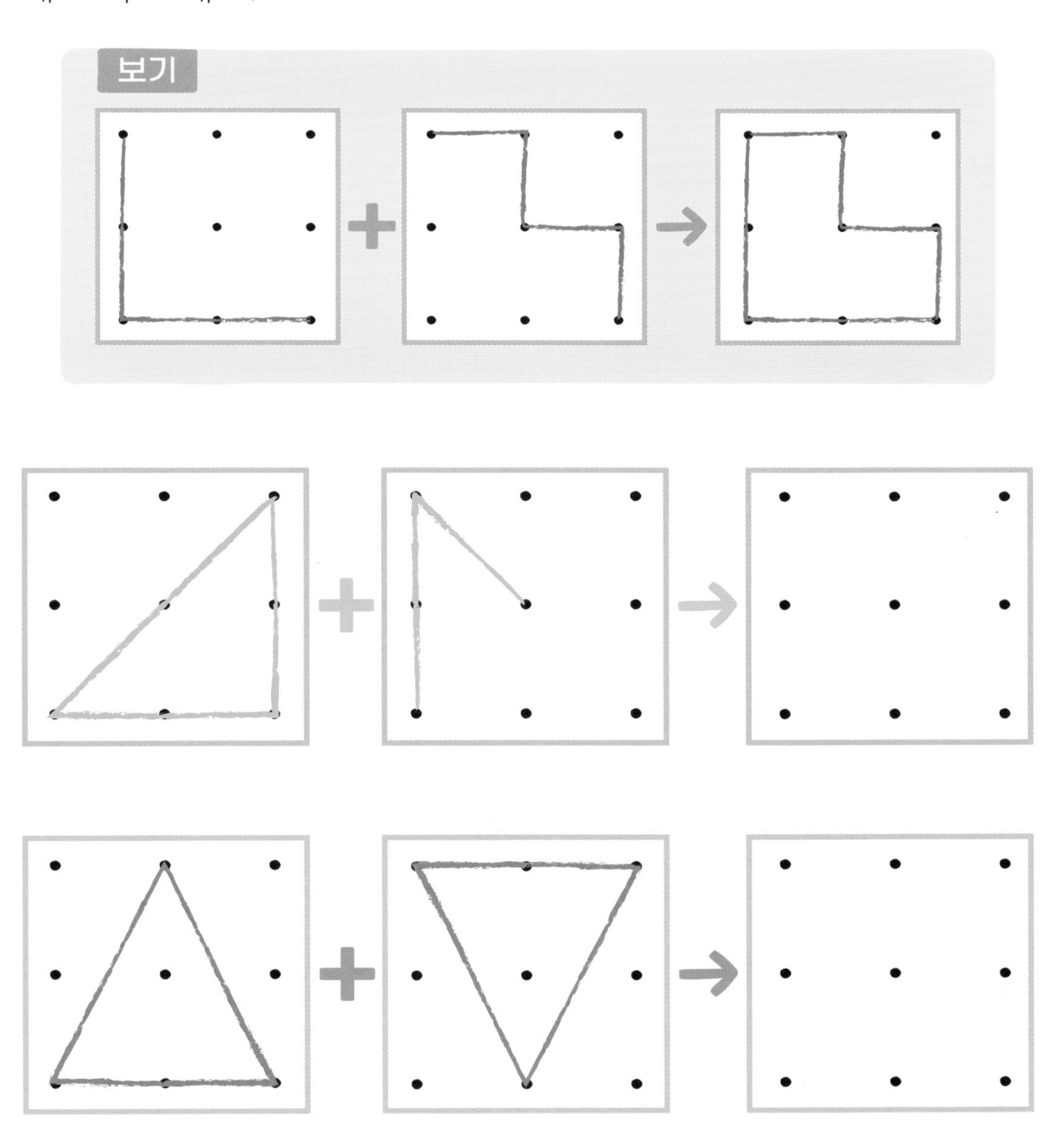

쌍둥이 모양

활동지를 오려서 왼쪽과 똑같은 모양이 되도록 만들어 보세요.

2

3
4

수와 연산

학습 목표

① 일대일대응을 통해 1부터 10까지의 수 개념을 알 수 있어요.

② 1부터 10까지의 수를 읽고 쓸 수 있어요.

③ 1부터 10까지의 수의 크기를 비교할 수 있어요.

④ 1부터 10까지의 수의 순서를 알 수 있어요.

수와 연산

펭귄 마을

펭귄의 수만큼 손가락 붙임 딱지를 붙여 보세요.

고양이 도시락

도시락의 음식 수만큼 ◯칸을 색칠해 보세요.

꽃밭에는 누가 있을까요?

1부터 10까지 수의 순서에 따라 선을 이어 보세요.

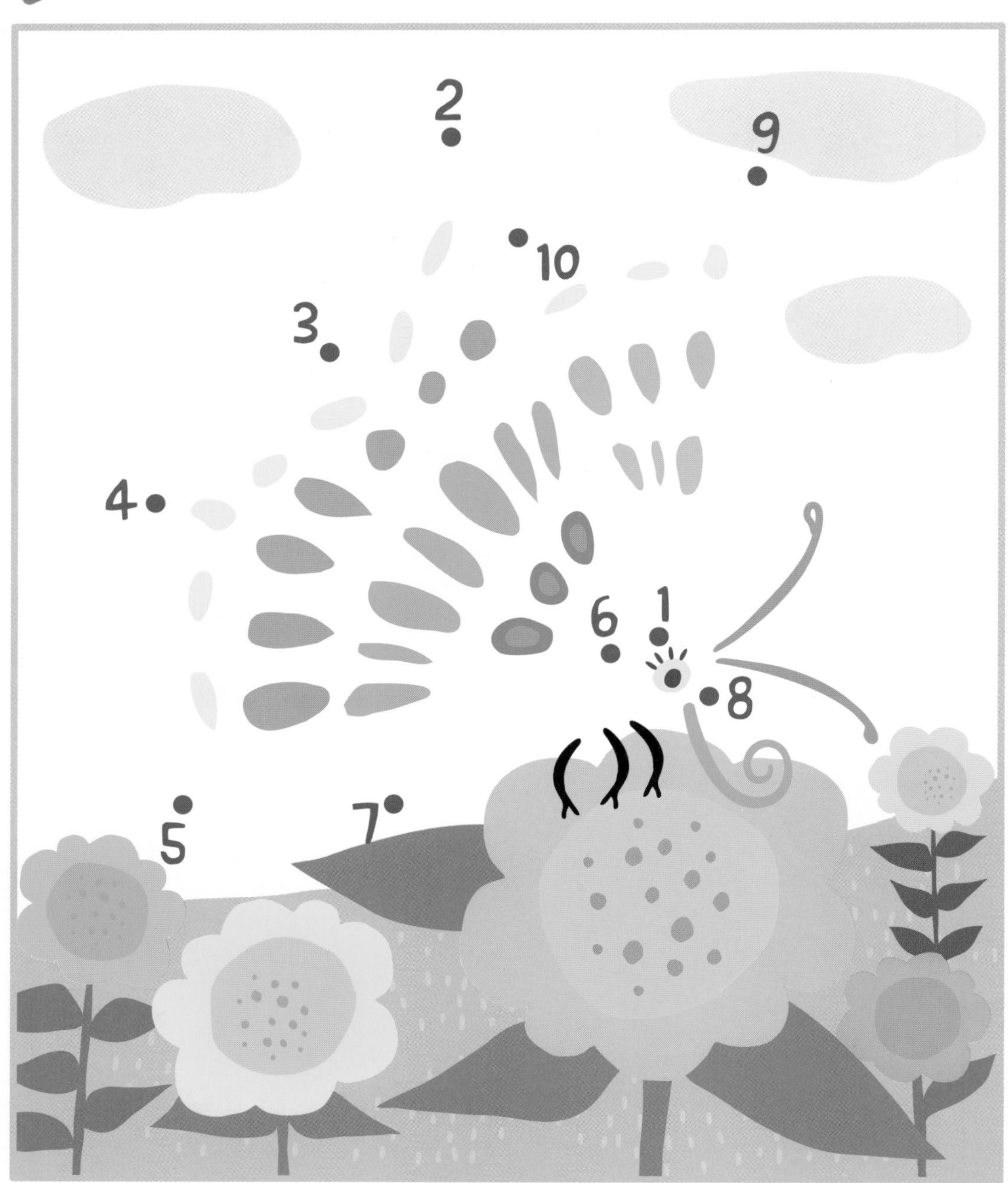

숨어 있는 수 찾기

1부터 10까지의 수를 찾아 ○표 해 보세요.

물고기를 잡아요

미로를 빠져나가면 물고기를 몇 마리 얻을 수 있을지
선을 그리고, 알맞은 수 붙임 딱지를 붙여 보세요.

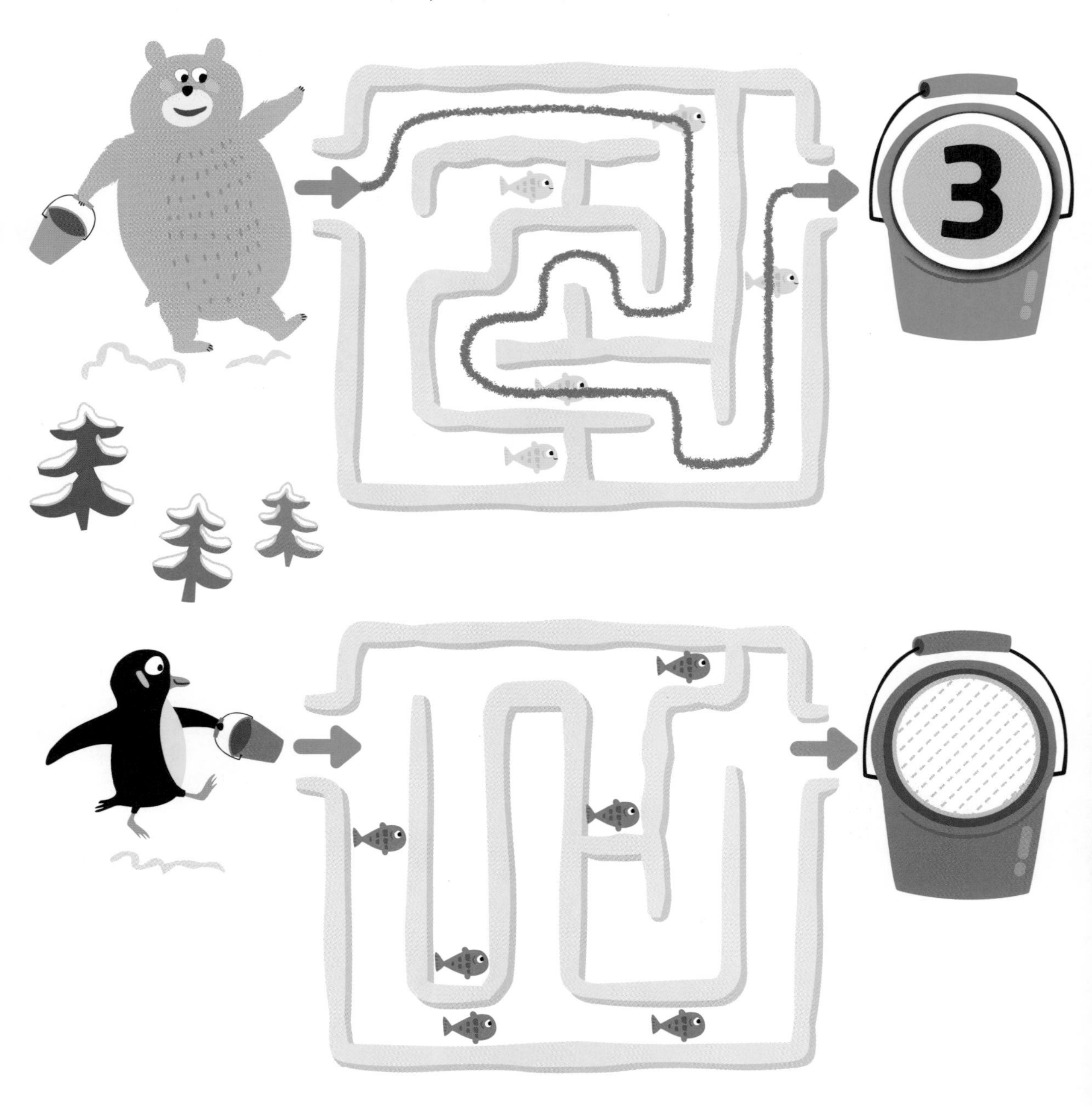

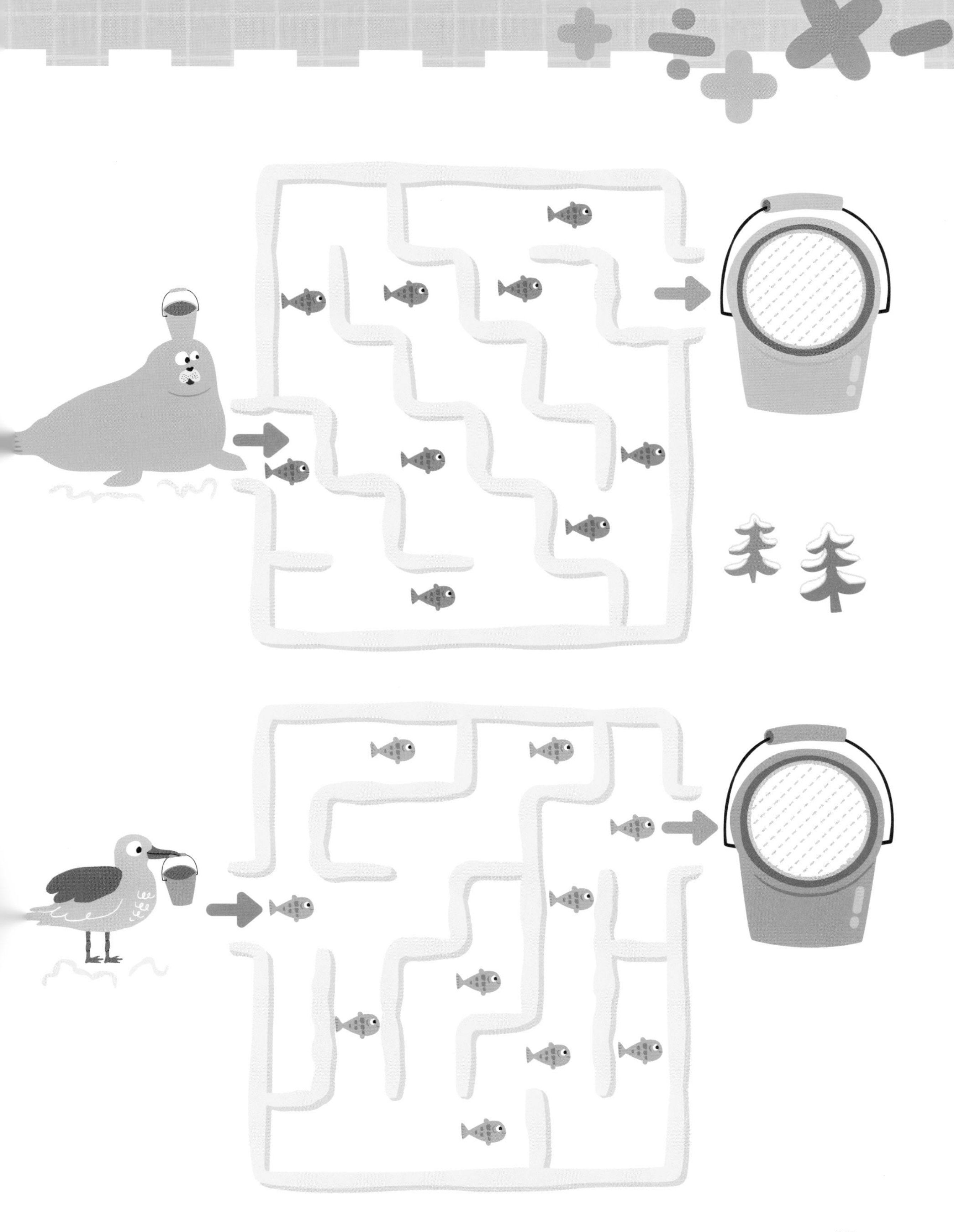

젤리 가게

젤리를 세어 빈칸에 알맞은 수를 써 보세요.

6
여섯 / 육
7
일곱 / 칠
8
여덟 / 팔
9
아홉 / 구
10
열 / 십

가득 채워요

젤리가 10개가 되도록 색칠한 후, 색칠한 젤리의 개수를 □ 안에 써 보세요.

□개

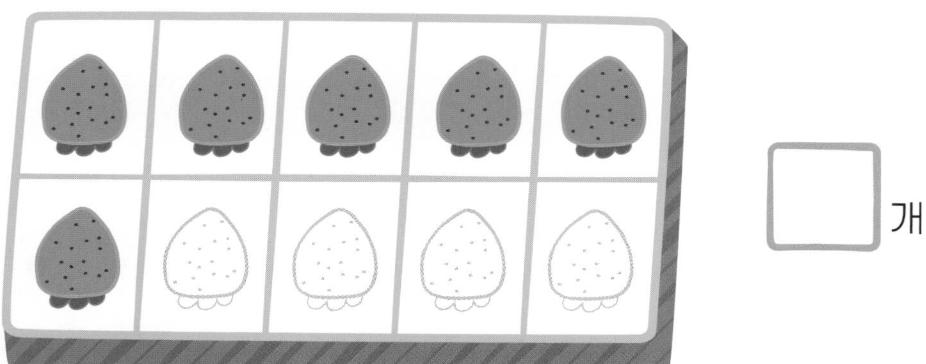

□개

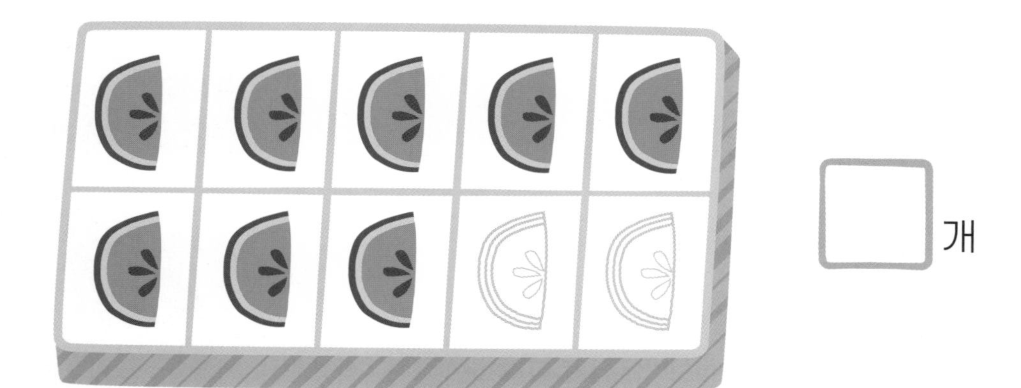

□개

끼리끼리

같은 수를 나타내는 것끼리 낚싯줄에 연결해 보세요.

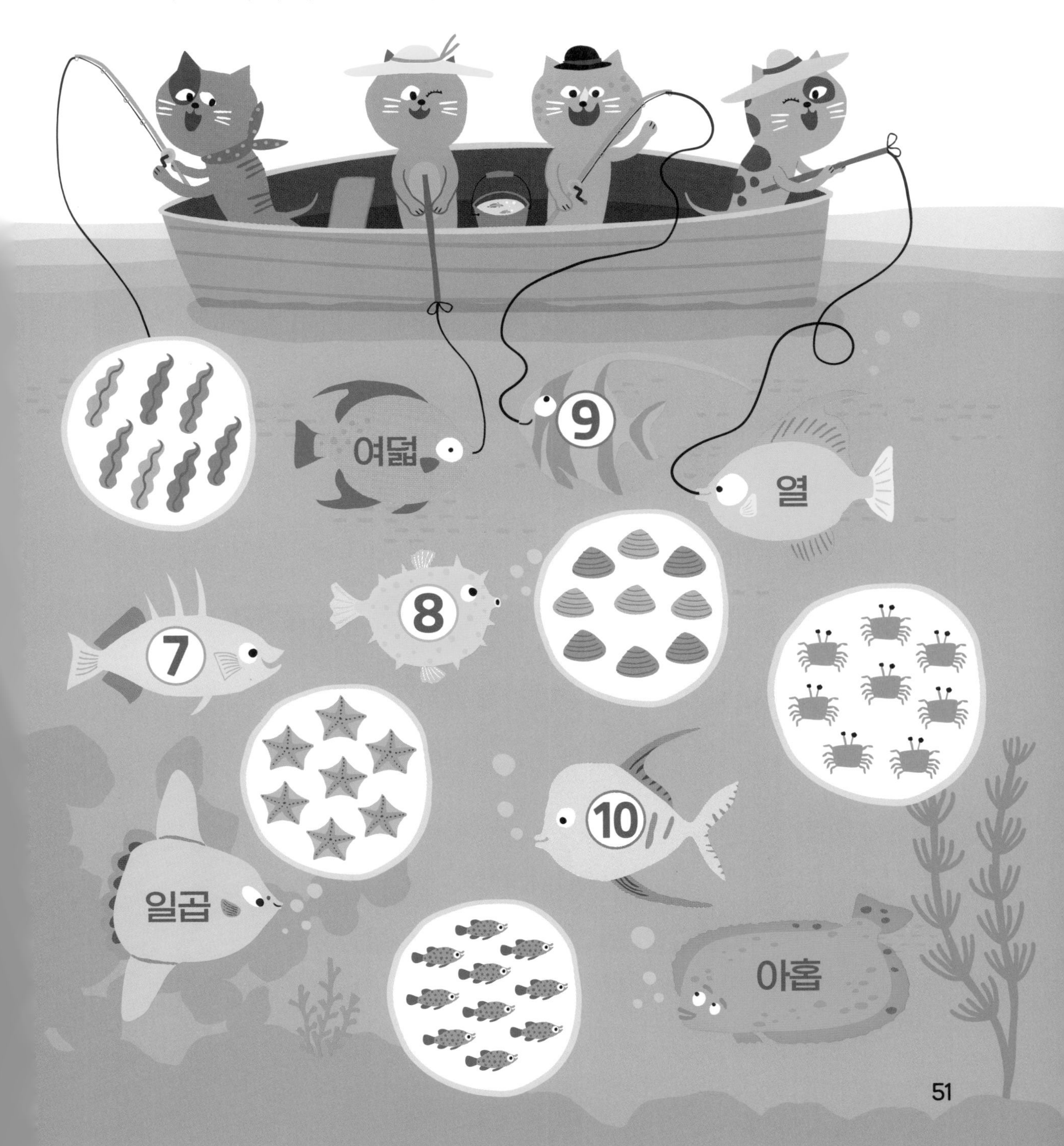

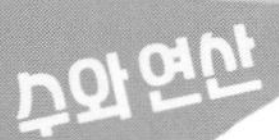

사라진 수 찾기

1~10까지 중 사라진 수를 찾아 써 보세요.

5 6 8
1 2
9 10 3 4

9 8 5
2 4 10 7
3 1
5 9 2 3
4 6
8 1 7

수와 연산

8

줄을 서요

친구들이 줄을 서 있어요. 순서에 맞게 □ 안에 알맞은 수를 써 보세요.

□ 첫 번째

□ 두 번째

□ 세 번째

□ 네 번째

화장실
아홉 번째
여덟 번째
일곱 번째
다섯 번째
여섯 번째

태양계 친구들

지구는 태양 주위를 도는 세 번째 행성이에요.
지구를 찾아 ○표 해 보세요.

태양 주위를 도는 다섯 번째 행성인 목성을 찾아 △표,
여덟 번째 행성인 해왕성을 찾아 □표 해 보세요.

책 정리하기

책을 번호 순서대로 정리하려고 해요. □ 안에 알맞은 번호를 써 보세요.

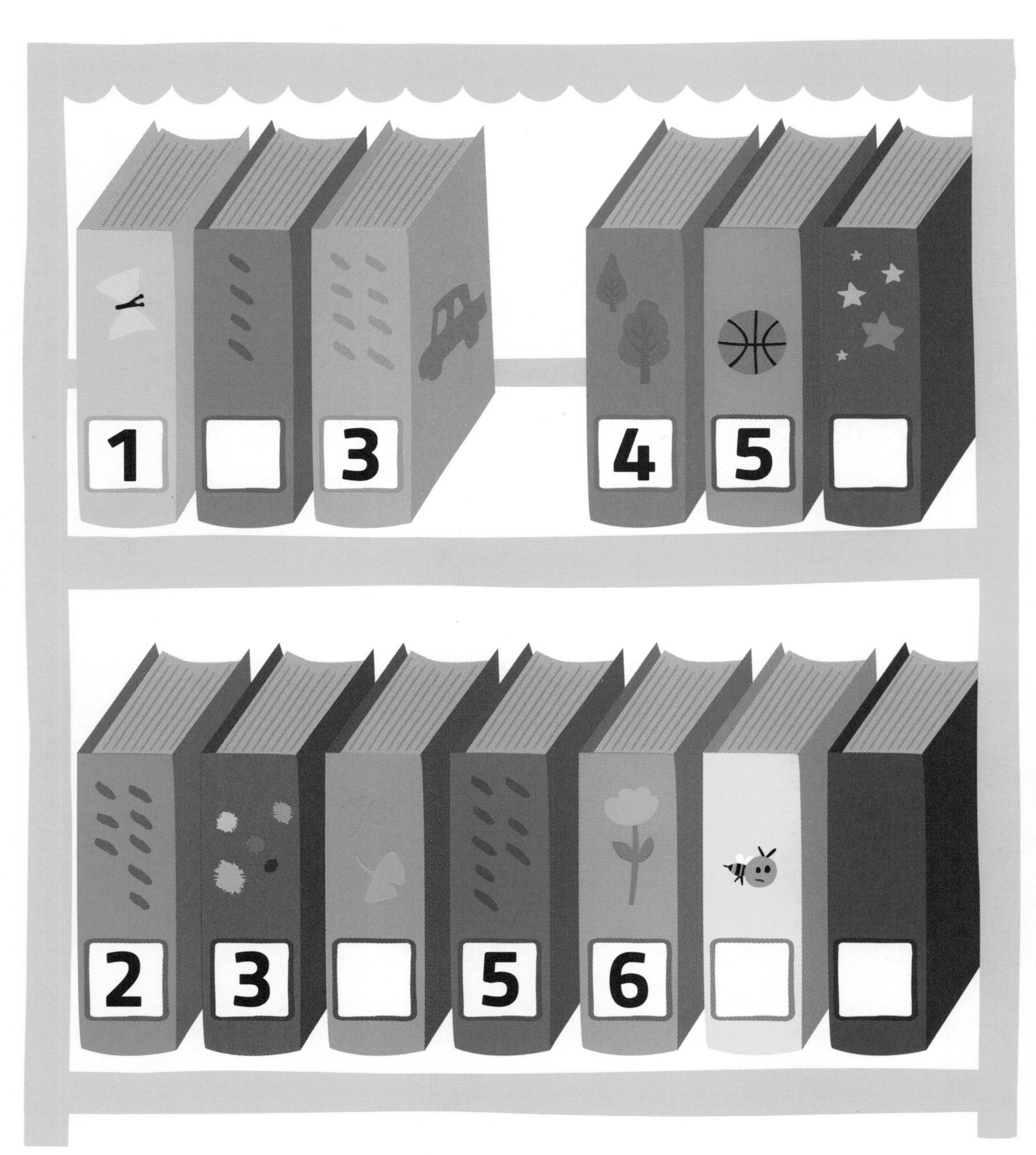

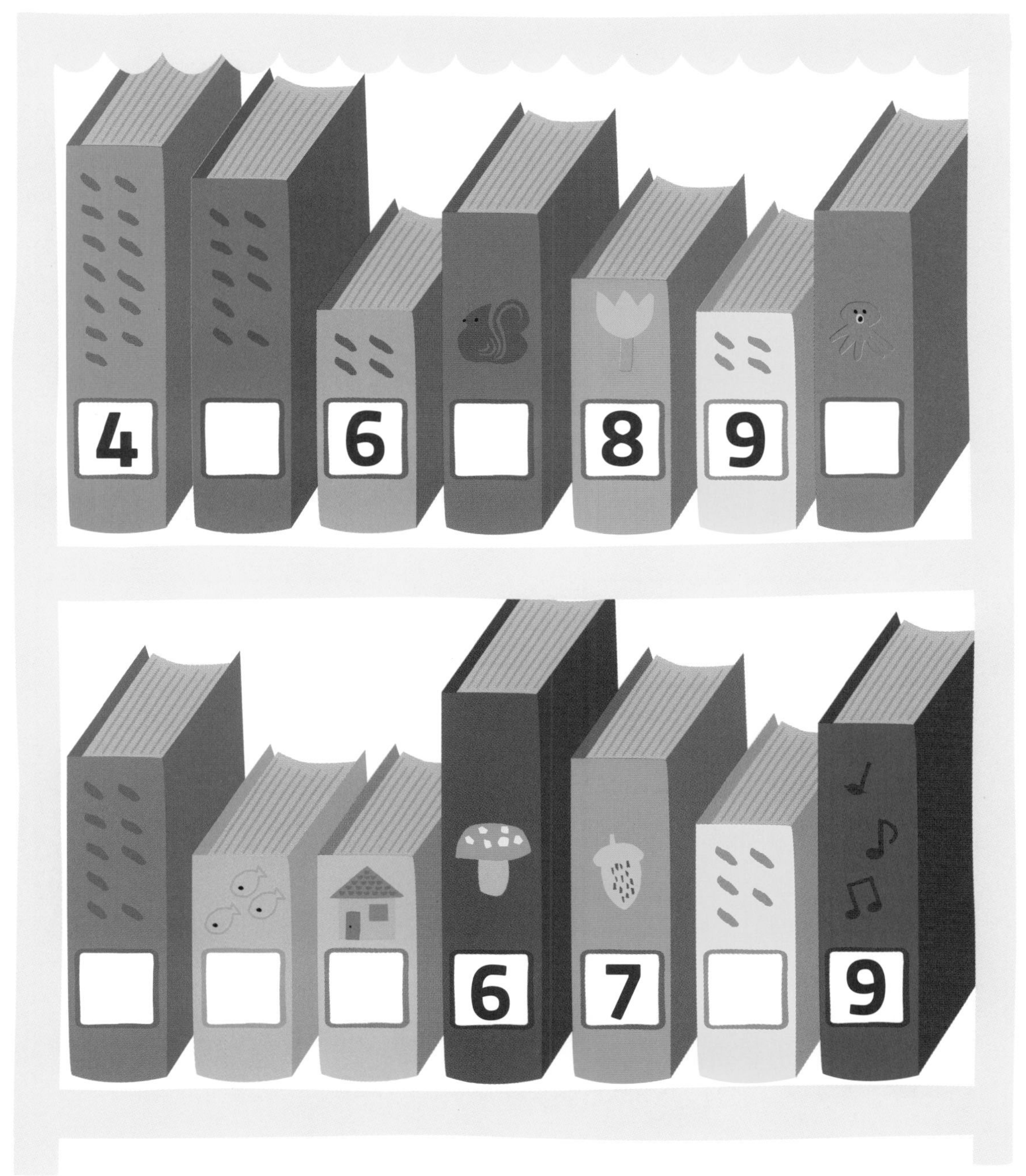
4
6
8
9
6
7
9

엄마를 만나러 가요

아기 동물이 엄마를 만나러 가요. 수의 순서대로 선을 이어 보세요.

2	5	6
3	4	7
5	6	8

4	5	9
8	6	7
10	9	8

2	6	8
3	4	5
8	7	6
9	10	9

2	3	4	6
4	6	5	7
9	7	8	9

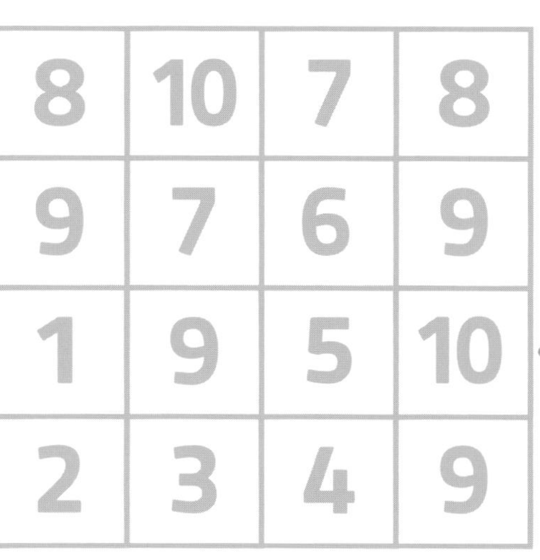

8	10	7	8
9	7	6	9
1	9	5	10
2	3	4	9

더 많이 먹어요

배고픈 하마는 사과가 더 많은 쪽으로 입을 벌려요.
하마 붙임 딱지를 알맞게 붙여 보세요.

사과가 2개씩 많아지는 길을 따라 선을 그어 보세요.

도넛 가게

도넛의 개수만큼 색칠한 후, 더 큰 수에 ○표 해 보세요.

더 작은 수가 적힌 도넛에 ○표 해 보세요.

네모난 꽃밭

보기 와 같이 꽃밭을 칸수에 따라 네모 모양으로 나누어 보세요. (모양은 네모가 아니에요.)

보기

4		2
3		

1

3		2
	4	

2

		3
2		
2		2

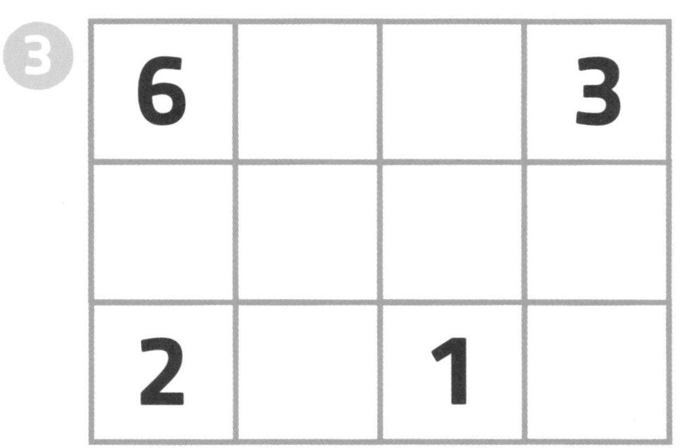

3

6			3
2		1	

4

4		3
	2	
3		

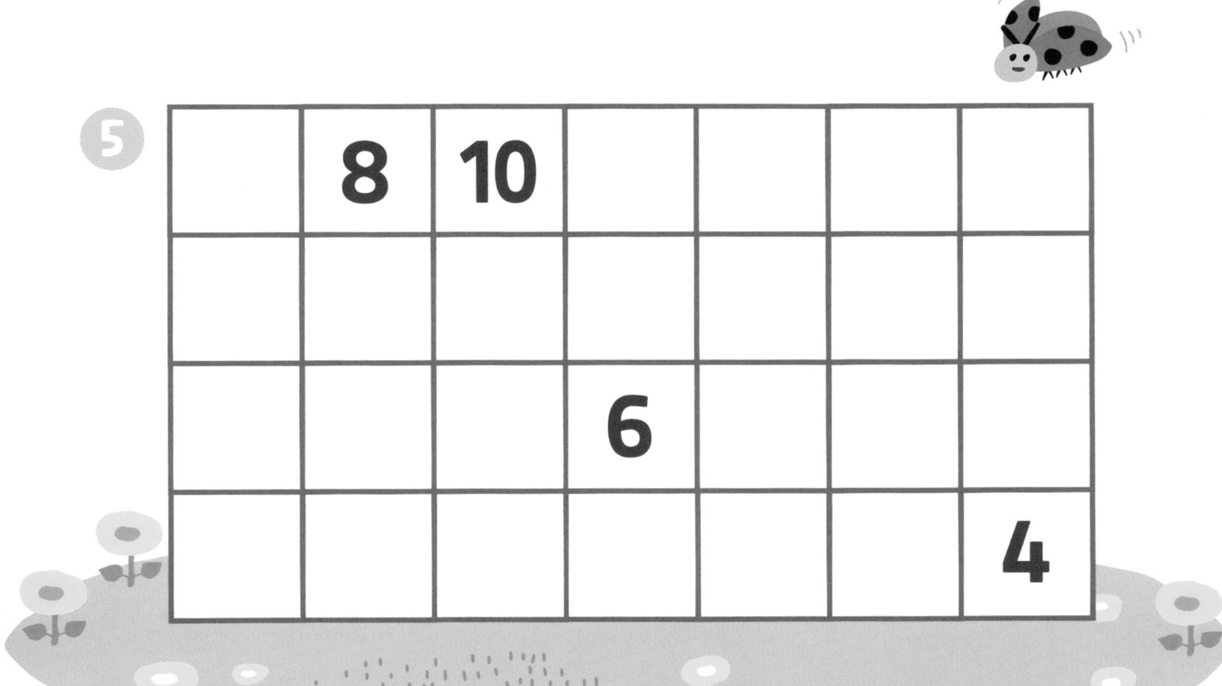

5

	8	10				
			6			
						4

측정과 분류

학습 목표

① 사물의 크기, 길이, 높이, 무게를 비교해요.
② 주어진 물건의 공통점과 차이점을 알아요.
③ 여러 개의 물건을 한 가지 기준으로 분류해요.
④ 자료를 표와 그래프로 정리해요.

내 헬멧을 찾아 줘

각 동물의 머리에 맞는 안전모를 찾아 선으로 연결해 보세요.

가장 큰 것과 가장 작은 것

가장 큰 것에 ○표, 가장 작은 것에 △표 해 보세요.

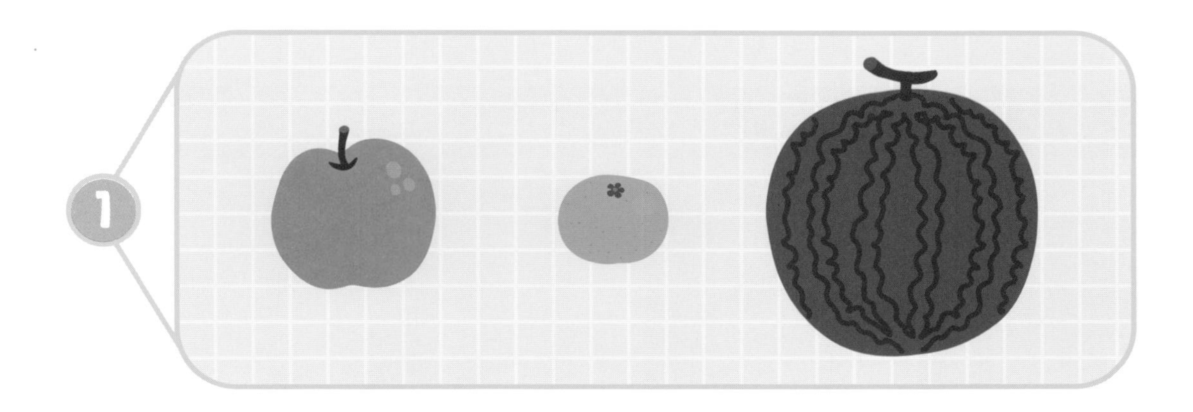

윈드차임 만들기

활동지를 오려 붙여, 윈드차임을 완성해 보세요.

물고기를 잡아라!

가장 긴 물고기에 ○표, 가장 짧은 물고기에 △표 해 보세요.

연을 높이 날리자!

가장 높게 나는 연에 ○표, 가장 낮게 나는 연에
△표 해 보세요.

불을 끄려면?

불이 났어요! 사다리의 길이를 보고 구할 수 있는 동물을 찾아 알맞은 붙임 딱지를 붙여 보세요.

저울로 무게 재기

물건을 보고 저울 위에 알맞은 붙임 딱지를 붙여 보세요.

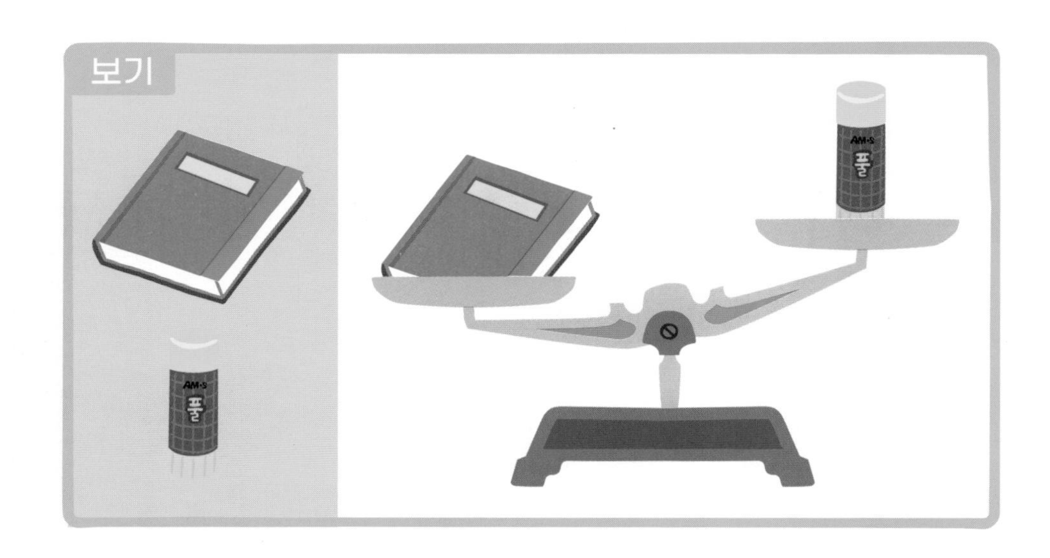

1

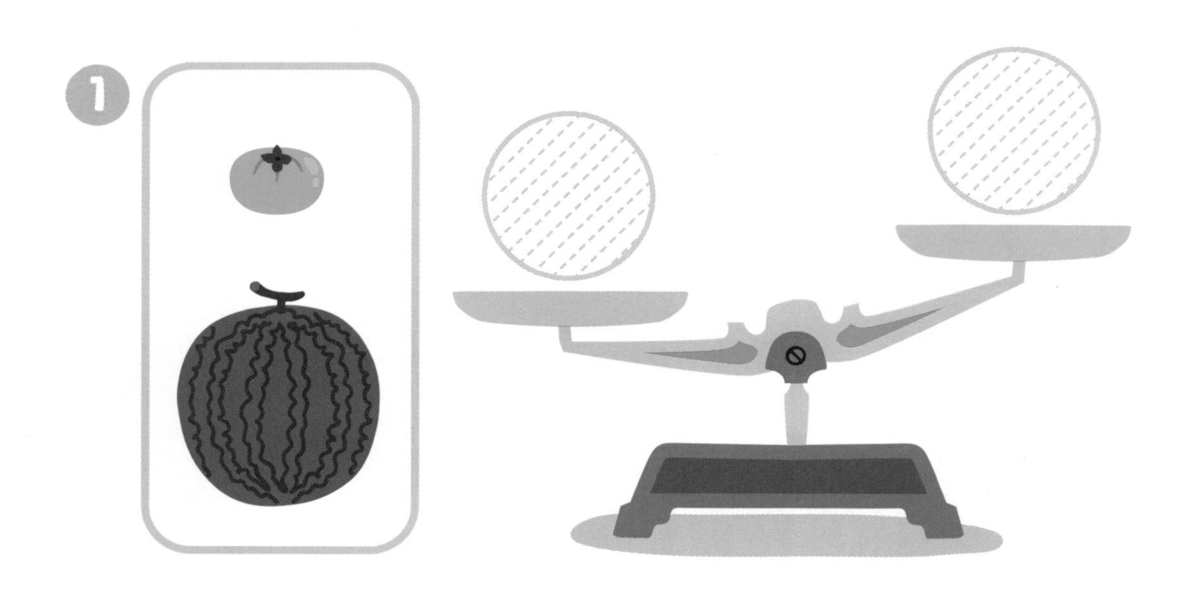

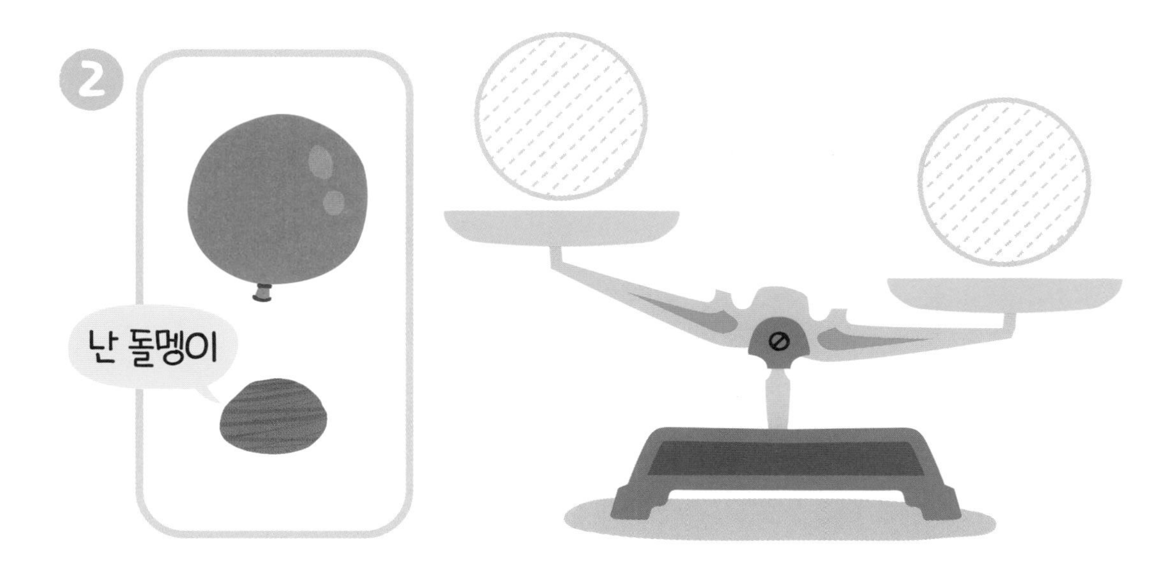
2
난 돌멩이

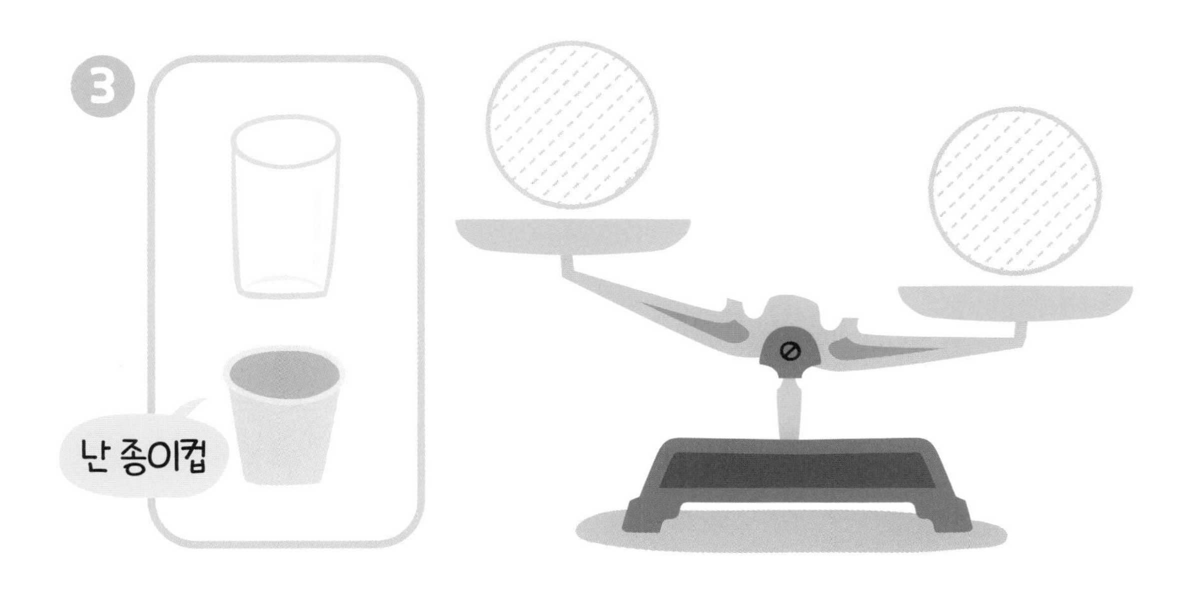
3
난 종이컵

빈 접시에는?

저울의 빈 접시에 들어갈 그림을 찾아 선으로 연결해 보세요.

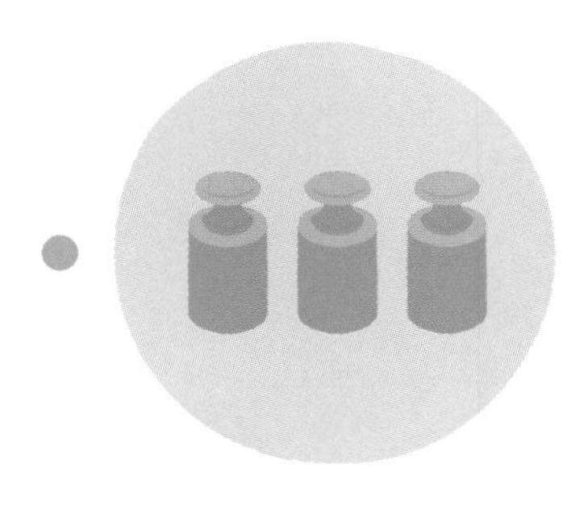

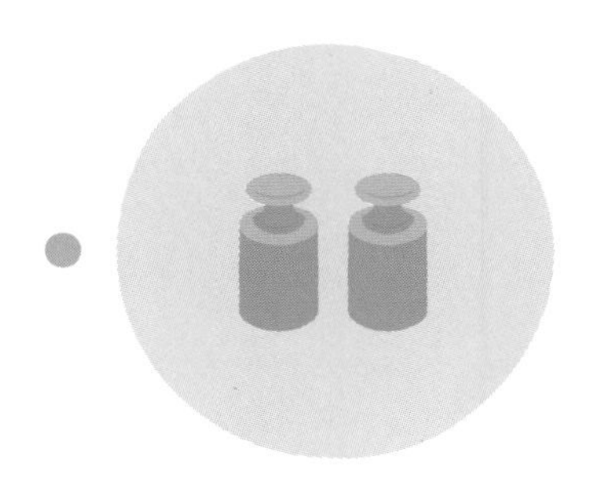

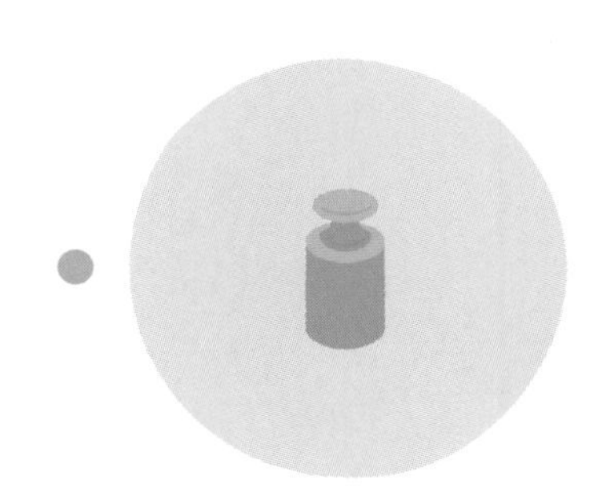

뭐가 더 가볍지?

저울을 보고 더 가벼운 장난감에 ○표 해 보세요.

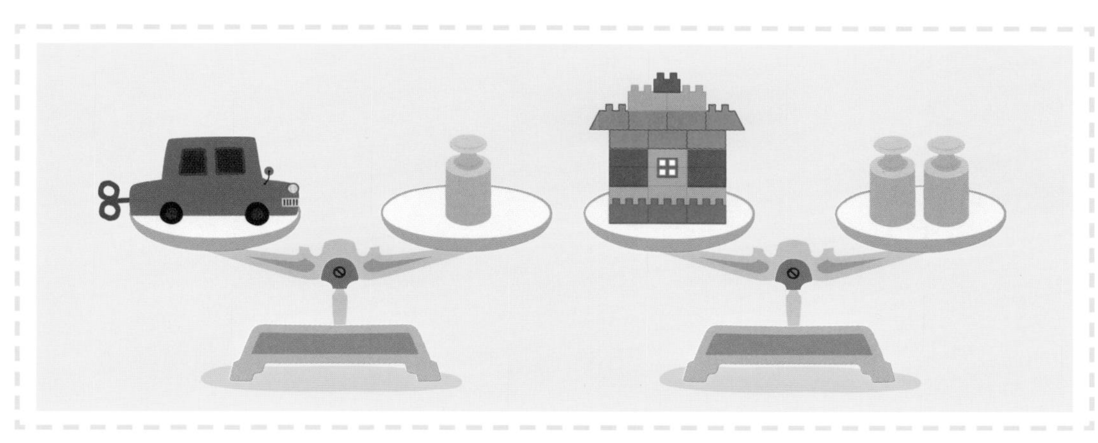

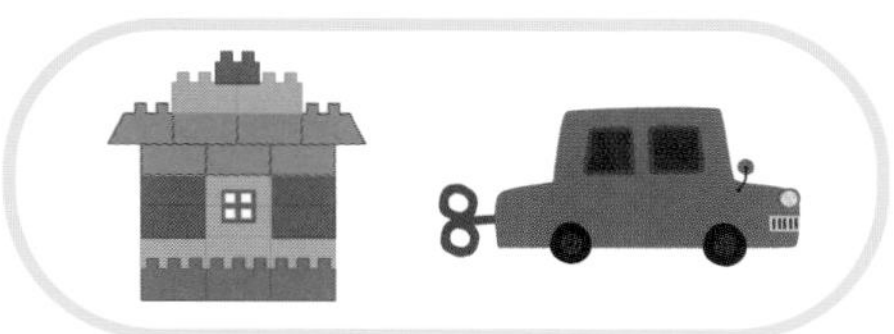

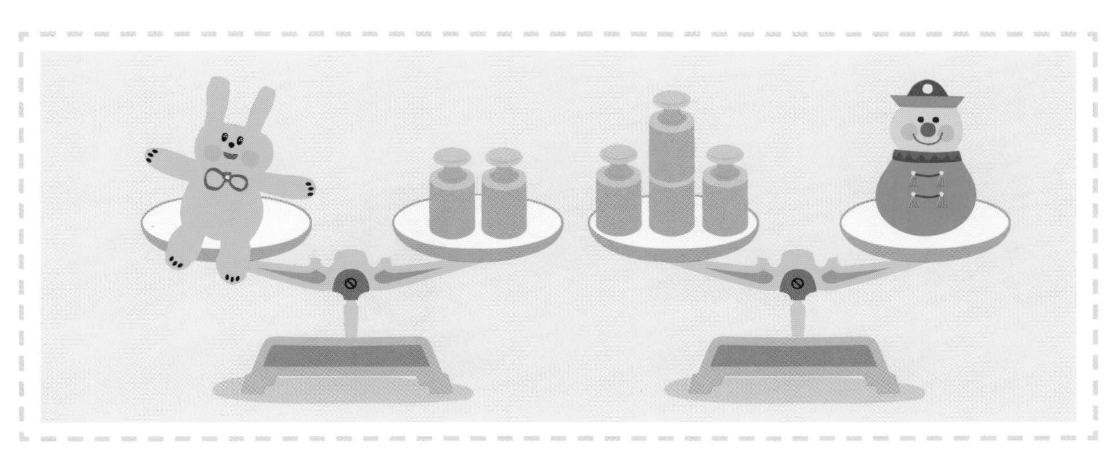

수영장에 가요

수영장에서 필요한 물건이 있는 길을 따라 선을 이어 보세요.

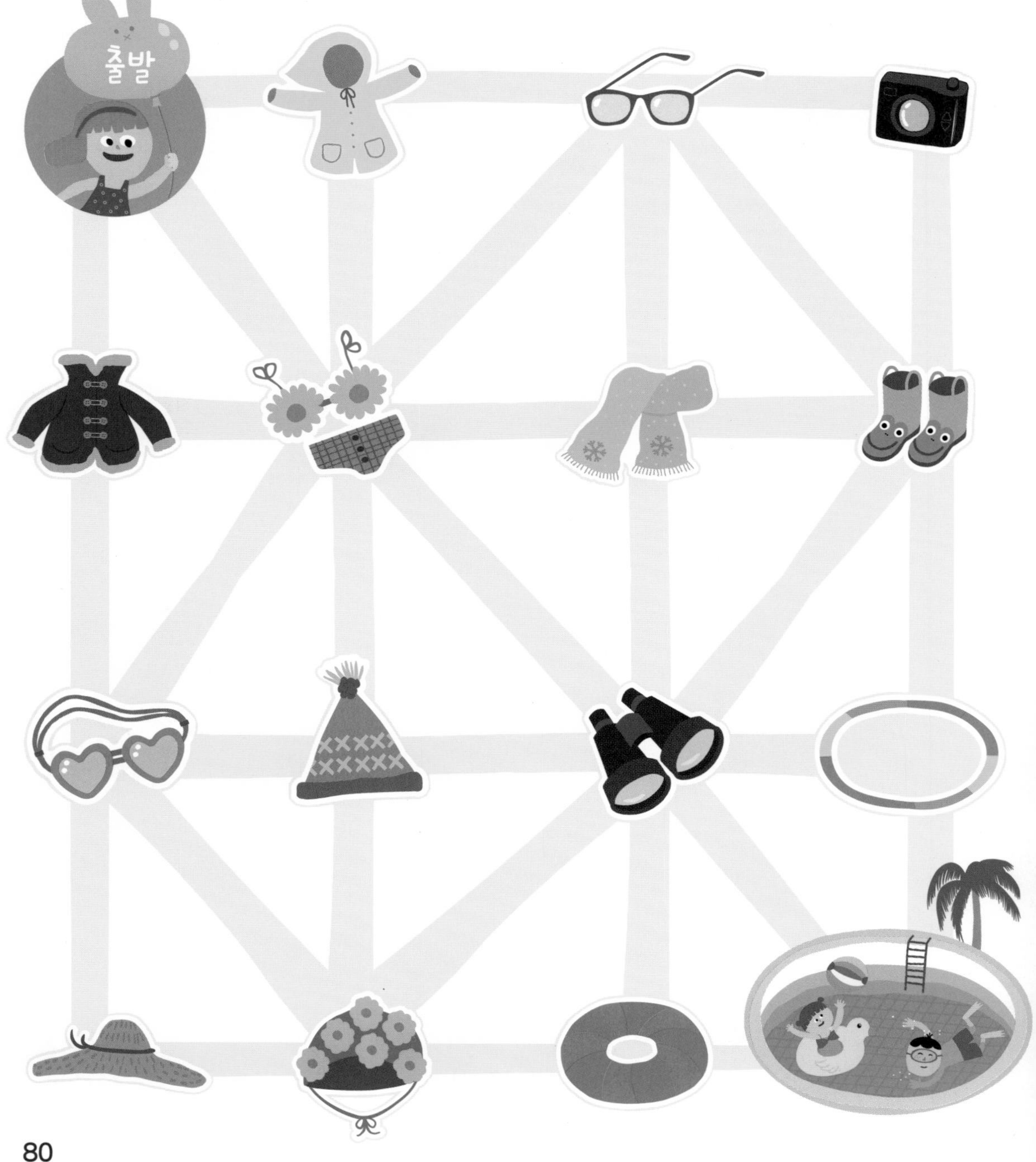

다른 것은 누구?

나머지와 관계없는 것을 찾아 X표 해 보세요.

쿠키를 나눠요

쿠키를 같은 특징이 있는 것끼리 나누려고 해요. 각 그릇에 들어갈 알맞은 쿠키를 찾아 ?에 연결해 보세요.

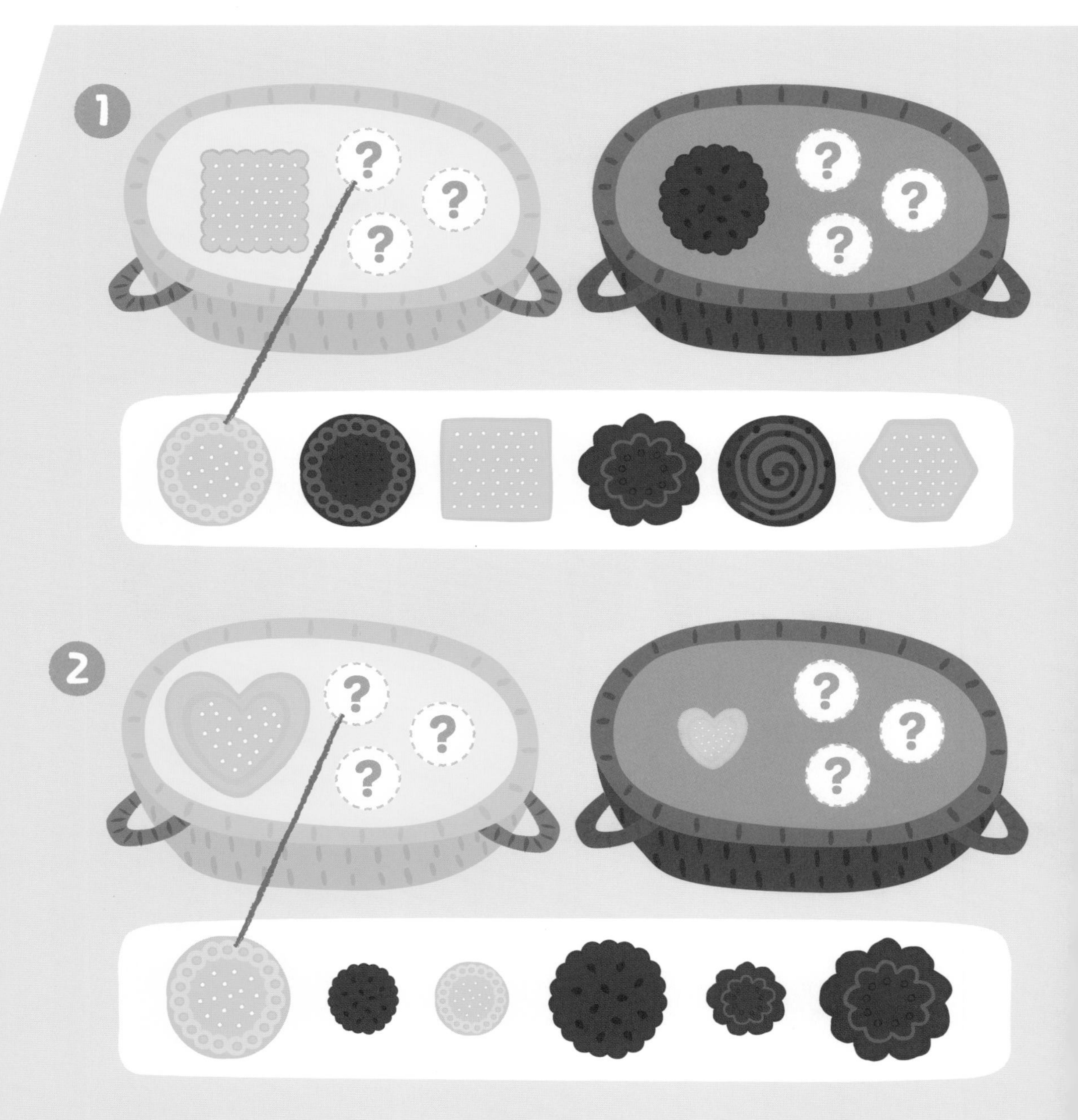

3
?
?
?
?
?
?
4
?
?
?
?
?
?

빨래하는 날

손수건이 빨랫줄에 걸려 있어요. 물음에 답해 보세요.

1. 손수건을 같은 무늬끼리 나누려고 해요. 활동지에서 손수건을 오려서 붙여 보세요.

2 손수건을 같은 색깔끼리 나누려고 해요. 활동지에서 손수건을 오려서 붙여 보세요.

3 왼쪽의 손수건이 어디에 속해야 할지 ○표 해 보세요.

장난감 가게

장난감 개수만큼 ○를 그려 보세요.

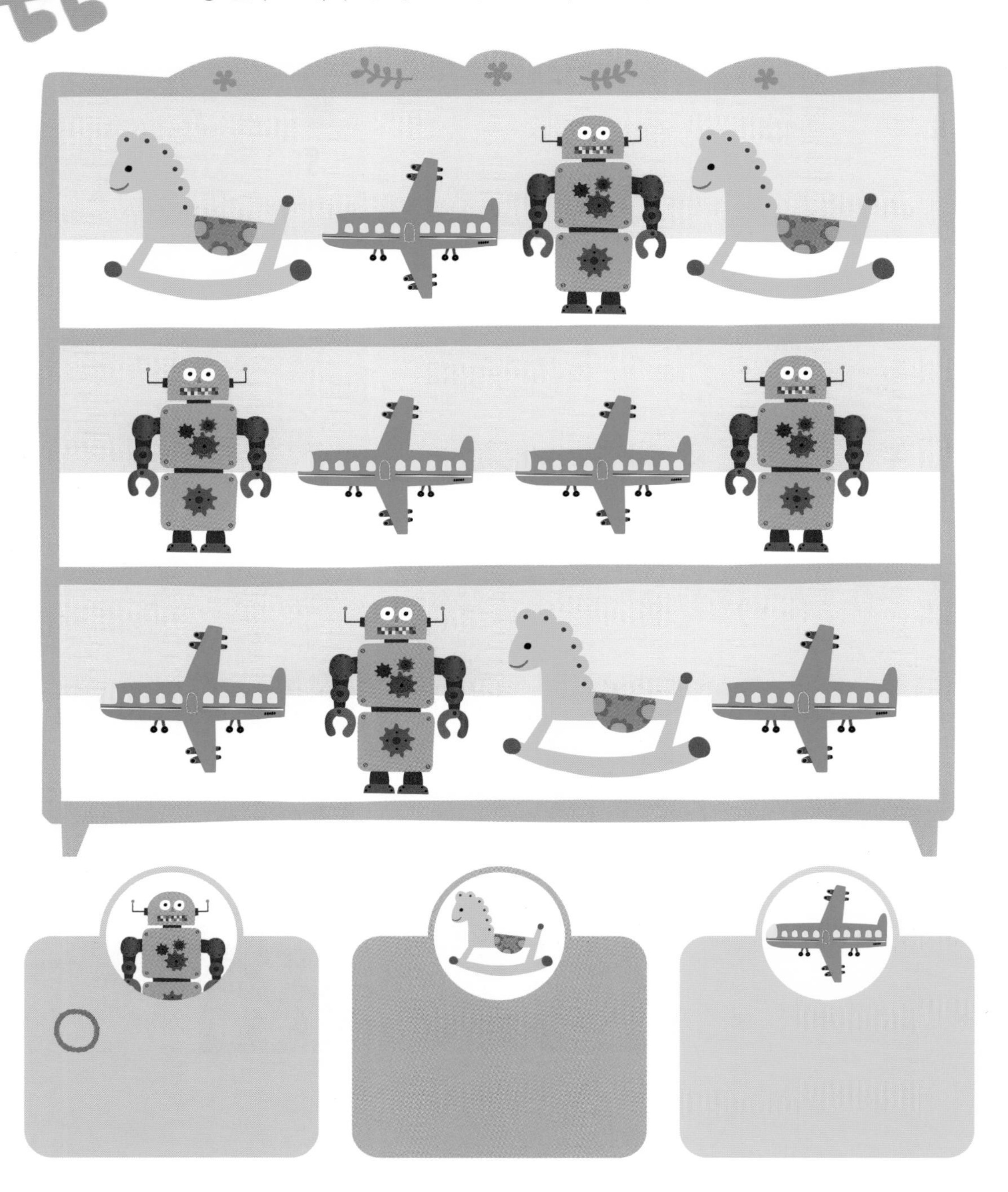

미세먼지는 싫어!

달력에 있는 미세먼지 농도의 수만큼 칸을 색칠해 보세요.

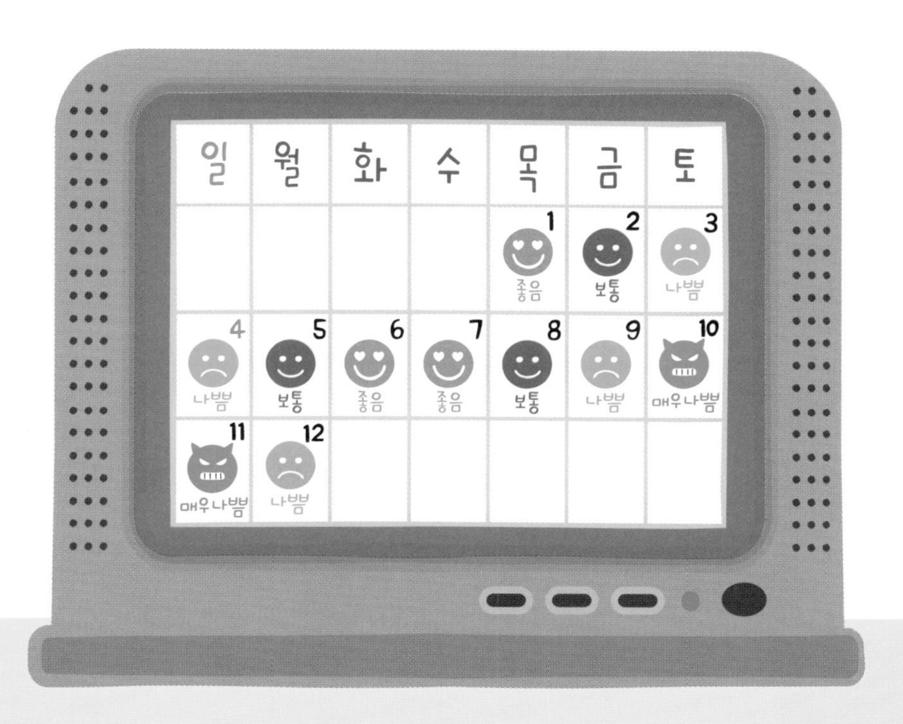

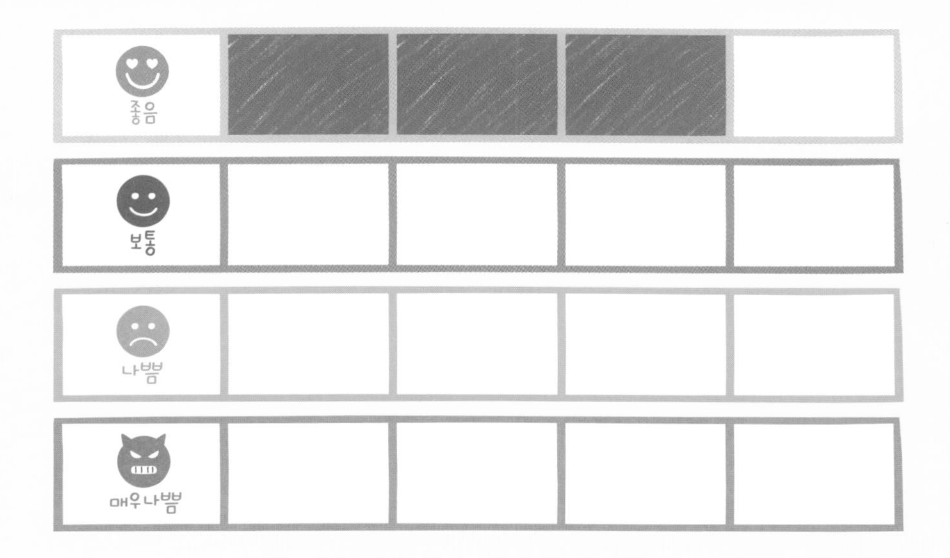

가장 좋아하는 간식은?

친구들이 좋아하는 간식을 조사했어요. 결과를 보고, 물음에 답해 보세요.

1 친구들이 좋아하는 간식의 수만큼 칸을 색칠해 보세요.

2 친구들이 가장 좋아하는 간식을 찾아 ○표 해 보세요.

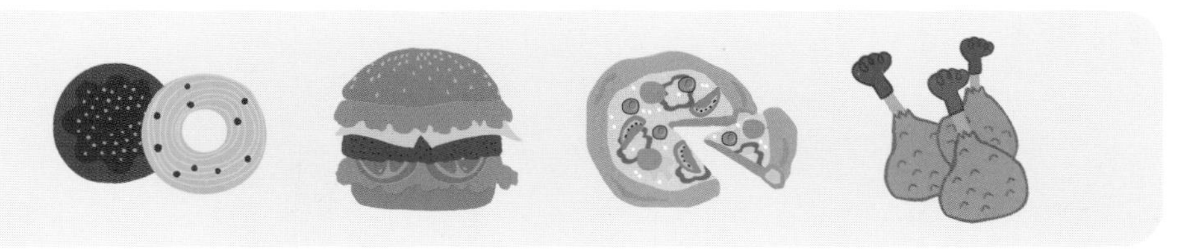

3 친구들이 가장 적게 고른 간식을 찾아 ○표 해 보세요.

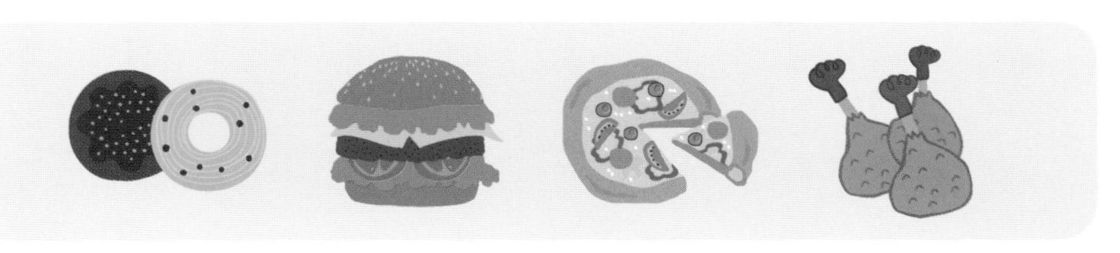

규칙성과 문제해결

학습 목표

① 생활 속에서 규칙을 찾을 수 있어요.
② 반복되는 규칙 마디를 찾을 수 있어요.
③ 규칙에 따라 다음에 올 그림을 예상할 수 있어요.
④ 여러 가지 논리 문제를 해결할 수 있어요.

규칙 팔찌

규칙에 맞지 않는 팔찌를 찾아 ○표 해 보세요.

1

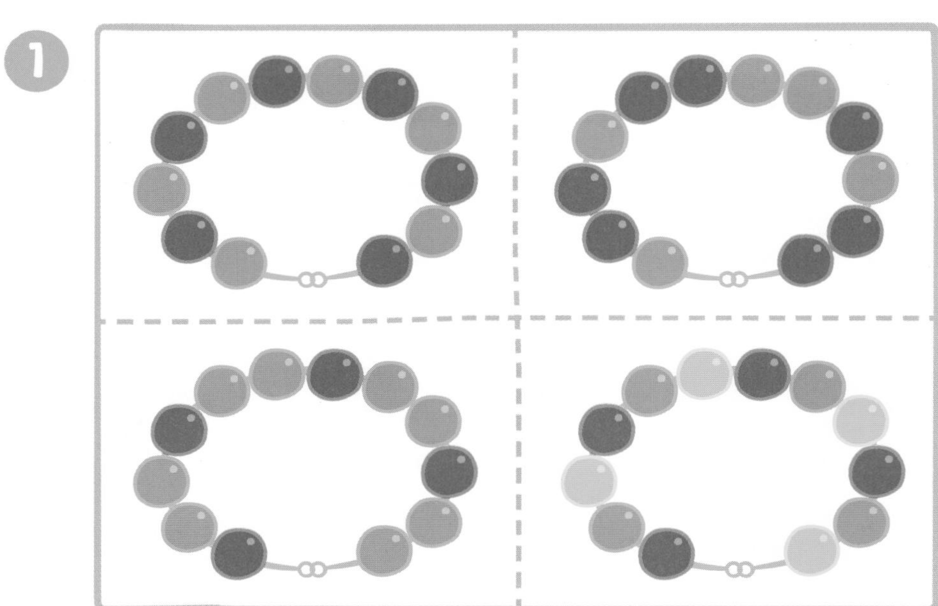

2

생일잔치

규칙에 따라 빈 곳에 알맞게 색칠해 보세요.

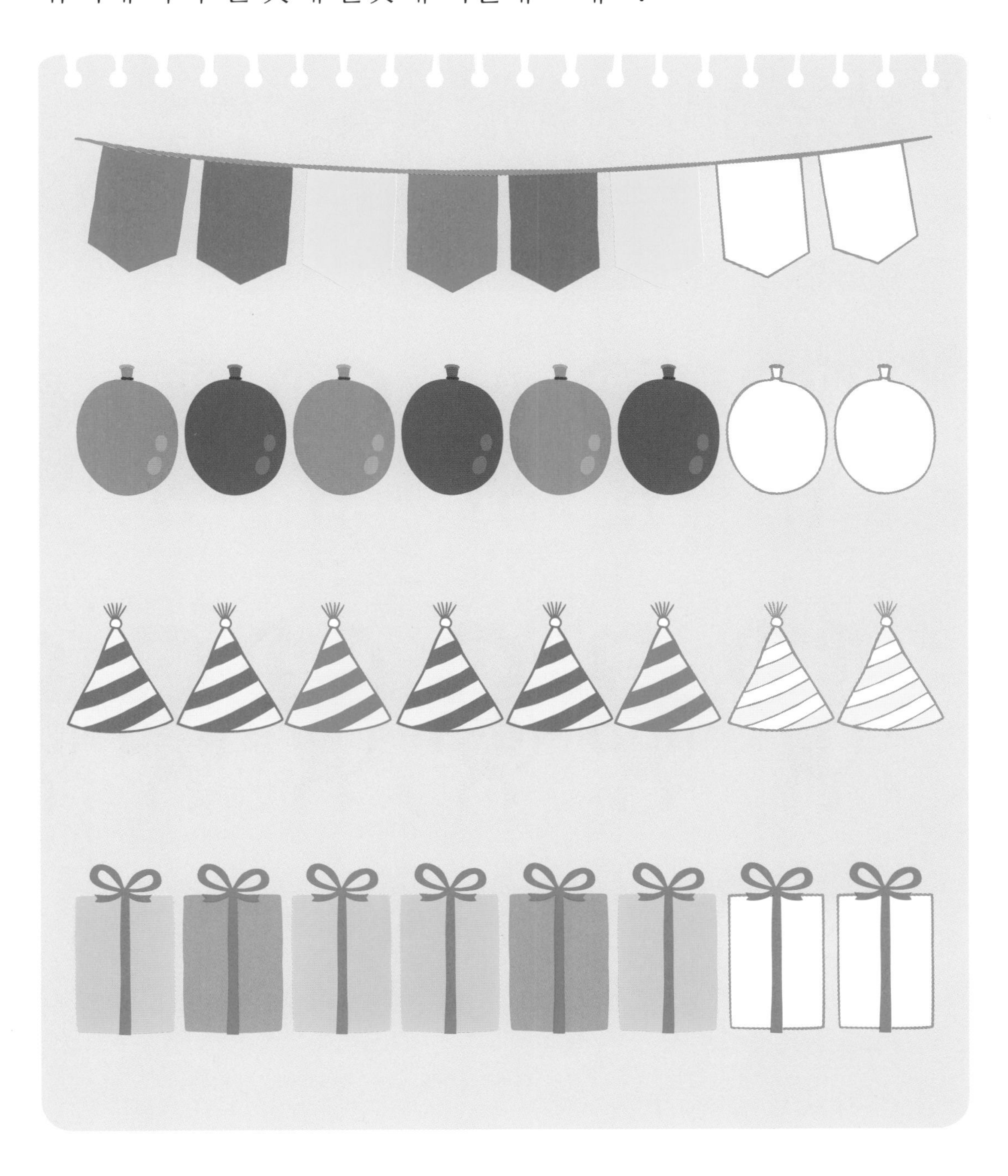

사랑해

규칙에 따라 ☐ 안에 들어갈 것에 ○표 해 보세요.

1

2

3

4

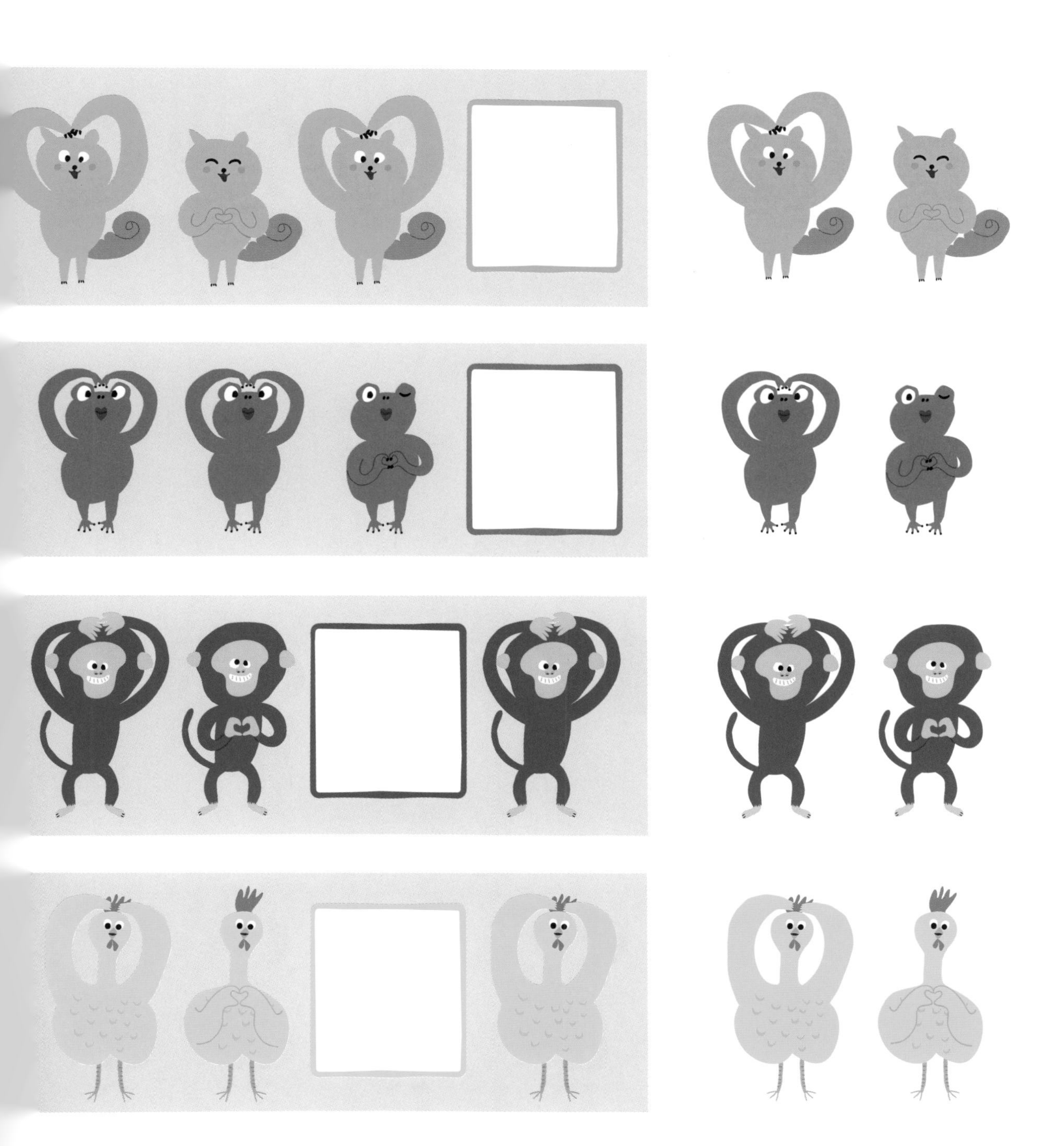

커졌다가 작아졌다가

규칙에 따라 □ 안에 들어갈 것에 ○표 해 보세요.

1

2

3

4

청기 백기

규칙에 따라 □ 안에 들어갈 것에 ○표 해 보세요.

1

2

3

4

꿈틀꿈틀 애벌레

같은 규칙을 가진 애벌레를 찾아 선으로 연결해 보세요.

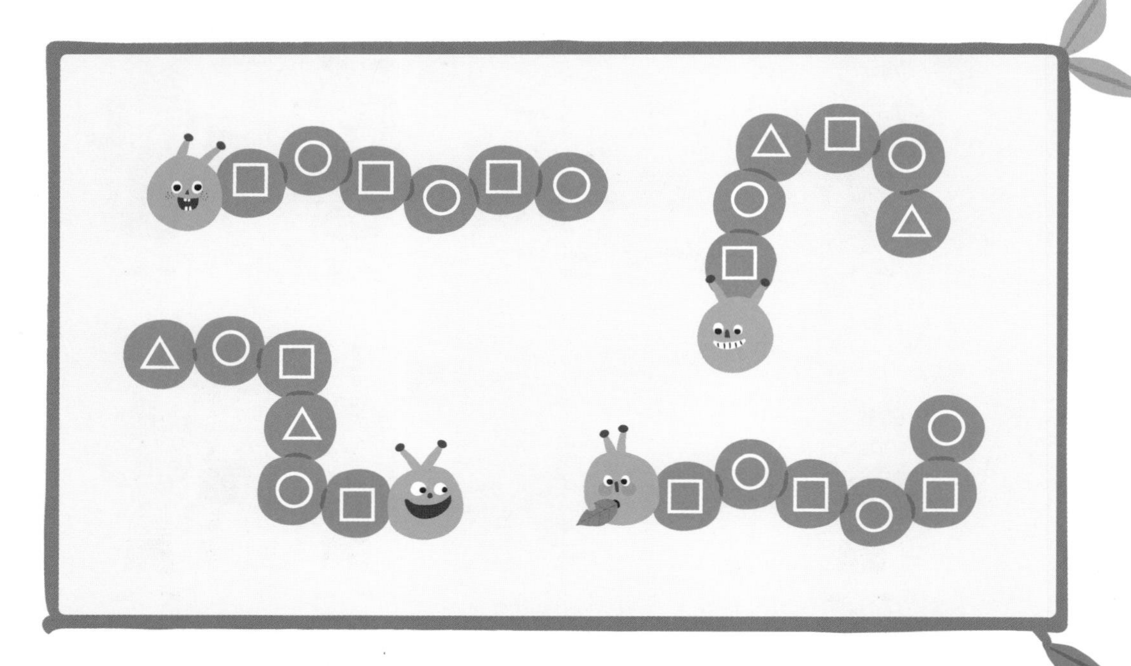

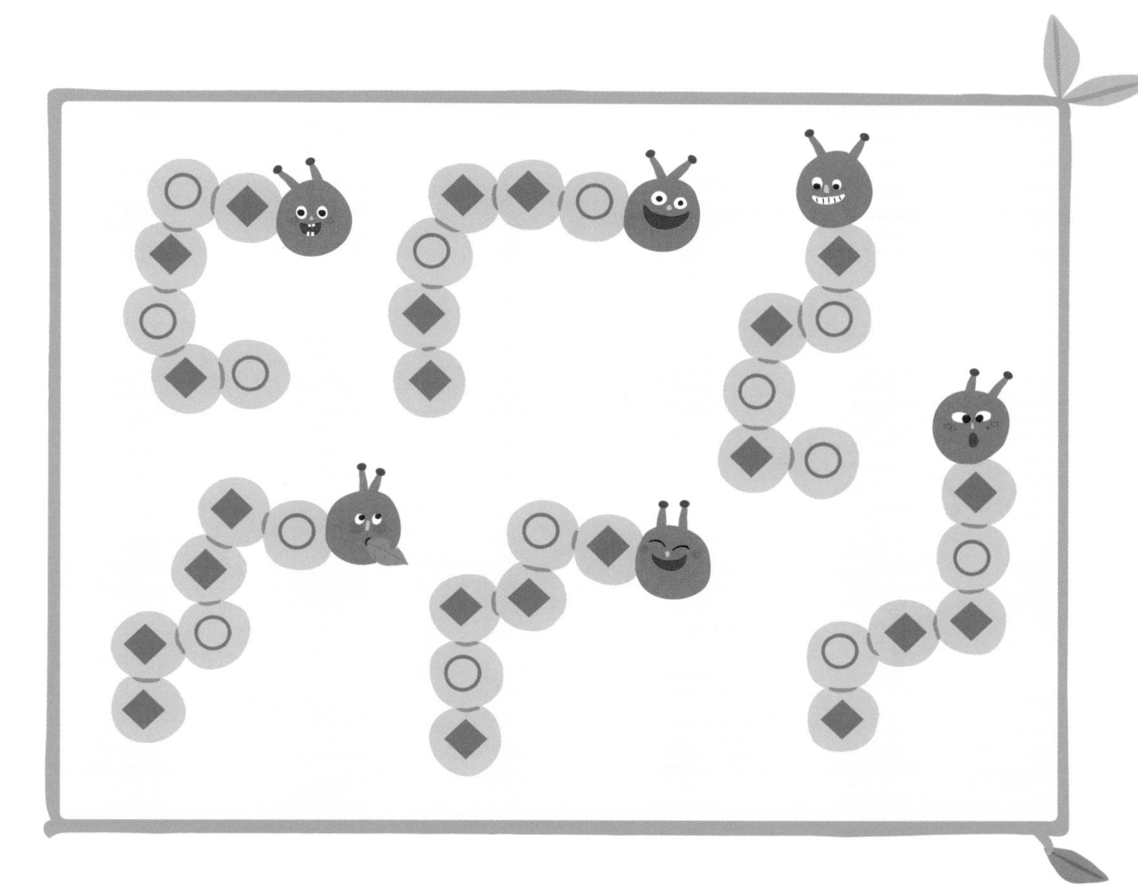

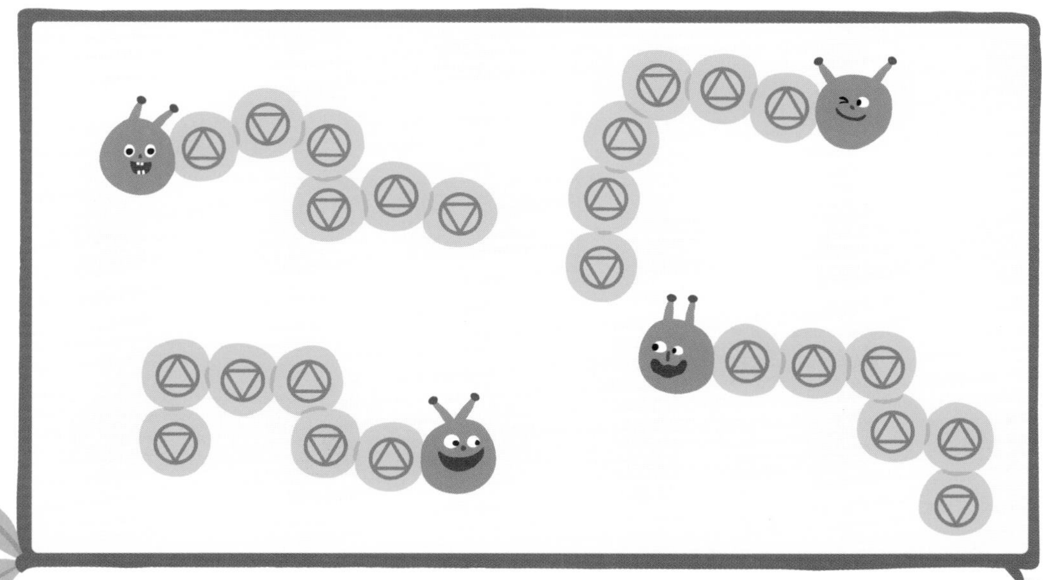

순서대로

동물 친구들이 버스를 기다려요. 그림을 보고 물음에 답해 보세요.

1 버스 정류장으로부터 세 번째에 있는 친구를 찾아 ○표 해 보세요.

2 토끼보다 늦게 온 친구를 찾아 ○표 해 보세요.

동물 친구들이 차표를 사려고 기다려요. 그림을 보고 물음에 답해 보세요.

3 코끼리와 고양이 사이에 있는 친구를 찾아 ○표 해 보세요.

4 코끼리보다 먼저 온 친구를 찾아 ○표 해 보세요.

누가 이겼을까요?

각 동물이 낸 [가위][바위][보]에 ○표 한 후, 이긴 동물에 △표 해 보세요.

1

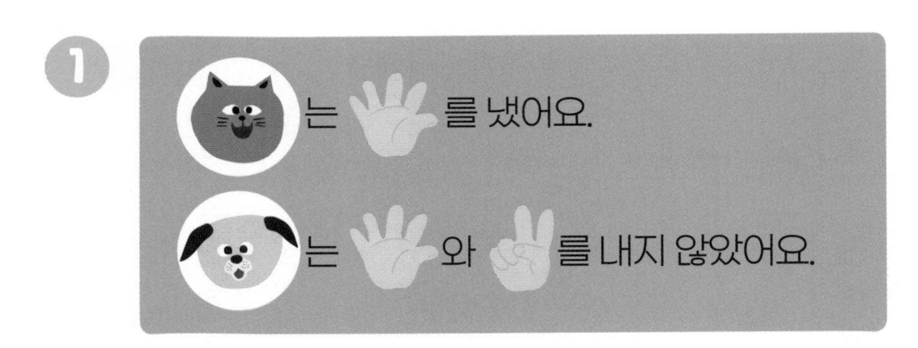

2

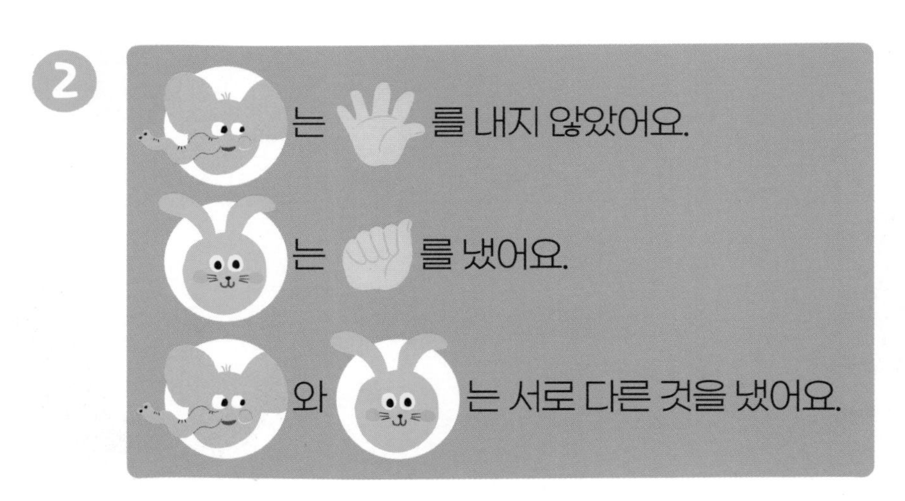

3
은 를 냈어요.
는 와 를 내지 않았어요.
는 와 같은 것을 냈어요.
4
는 를 내지 않았어요.
는 를 냈어요.
는 가위바위보에서 혼자 이겼어요.

모양 따라 쿵쿵

동물들이 간식을 얻으려고 해요. 규칙대로 타일을 따라가, 어떤 간식을 얻는지 ○표 해 보세요.

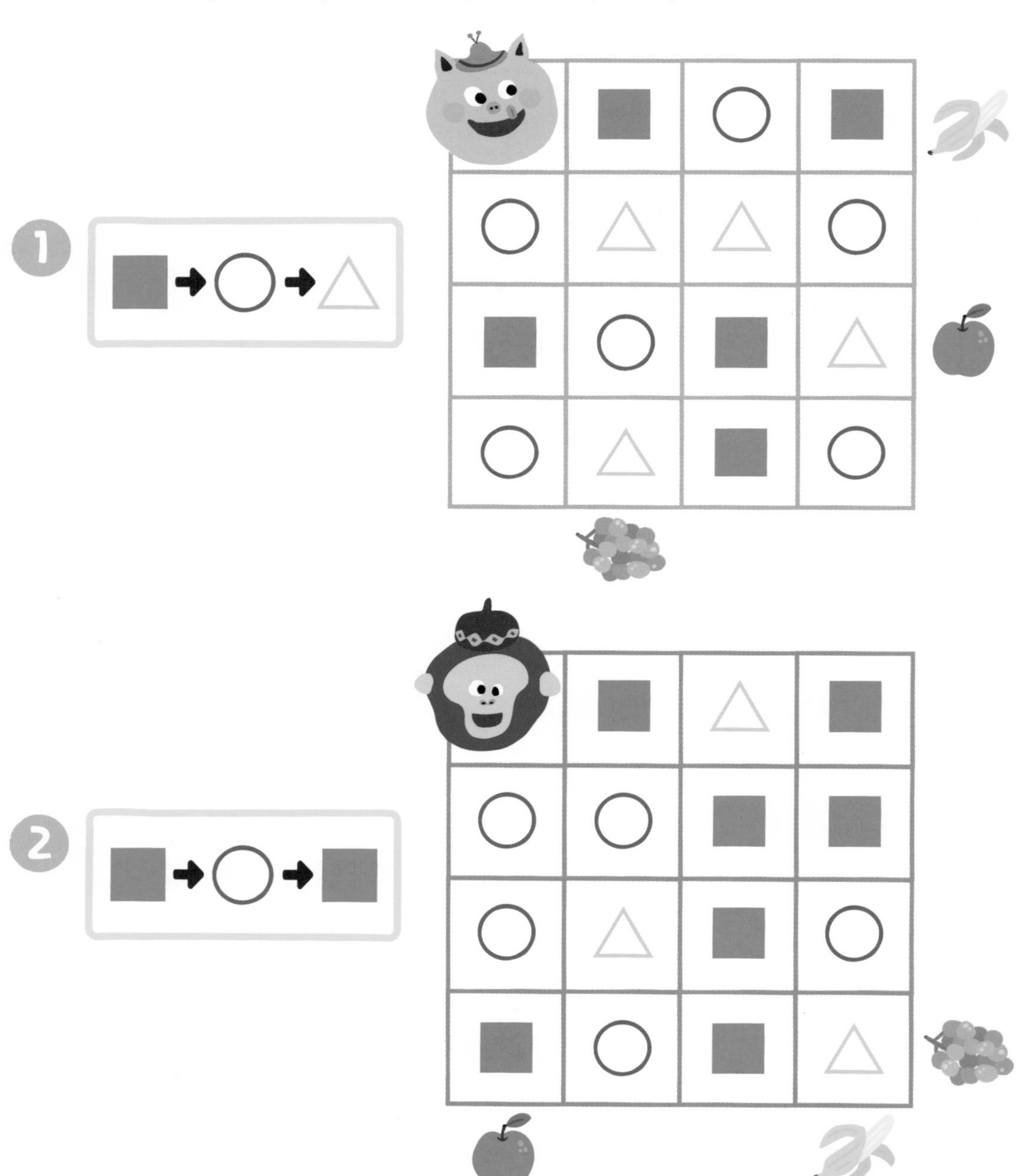

3

사과가 쏙!

하나의 영역(◯)안에 사과가 5개씩 담기도록 ○로 그려 보세요.

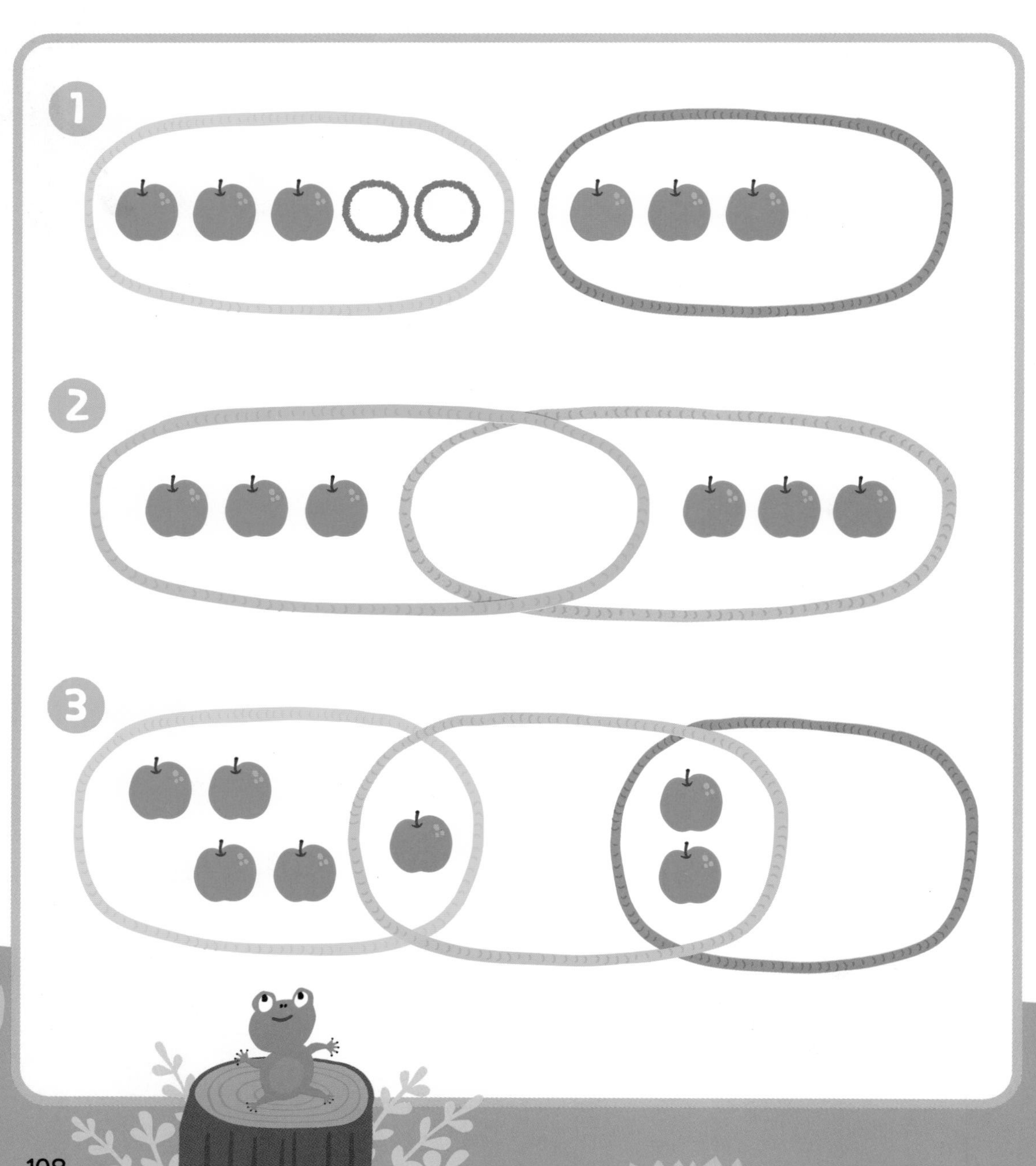

하나의 영역(◯)안에 사과가 7개씩 담기도록 ○로
그려 보세요.

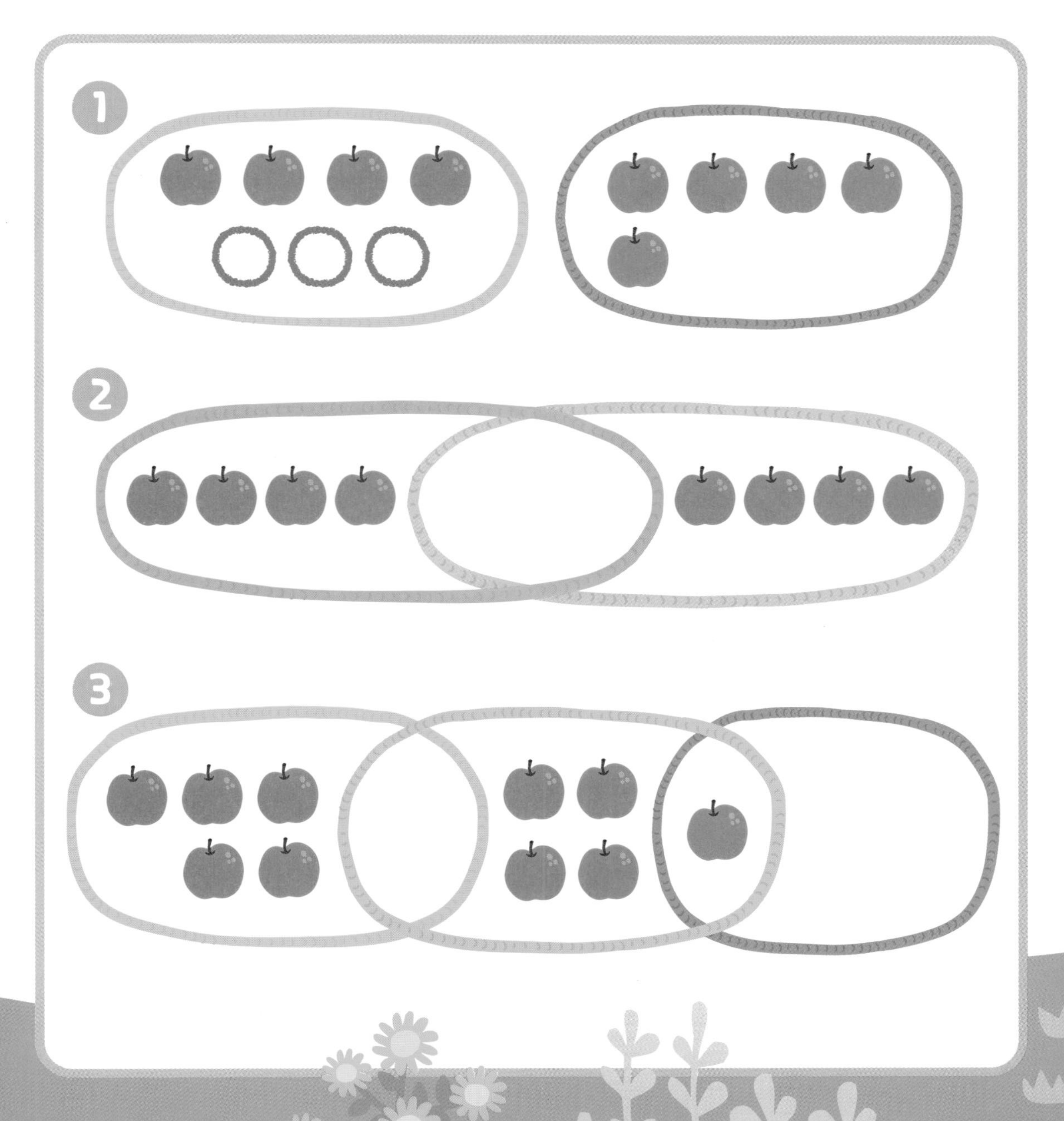

도로 공사

가로나 세로로 도로를 만들어 마을을 연결했어요.
도로의 수를 □ 안에 써 보세요.

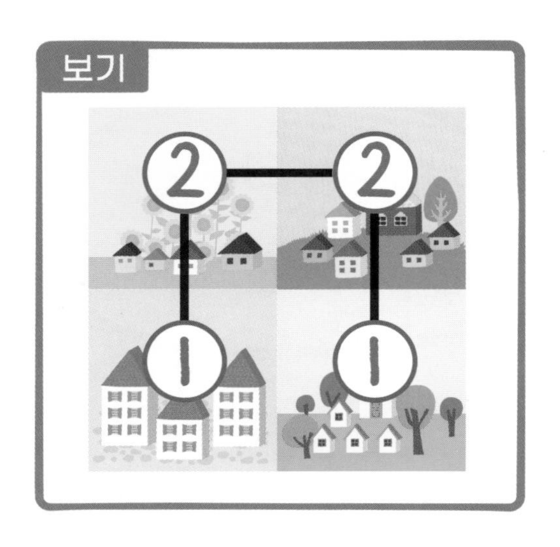

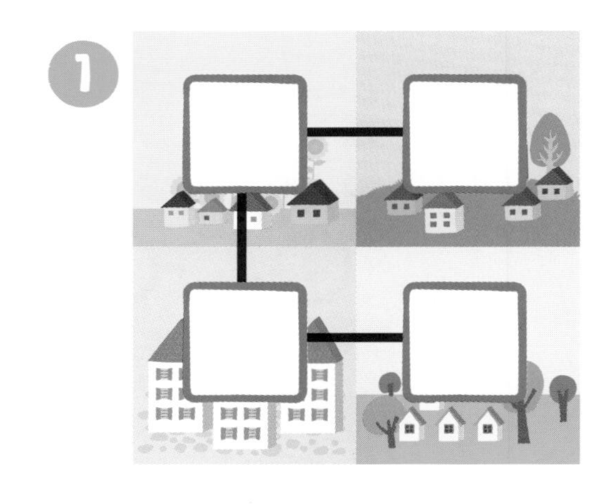

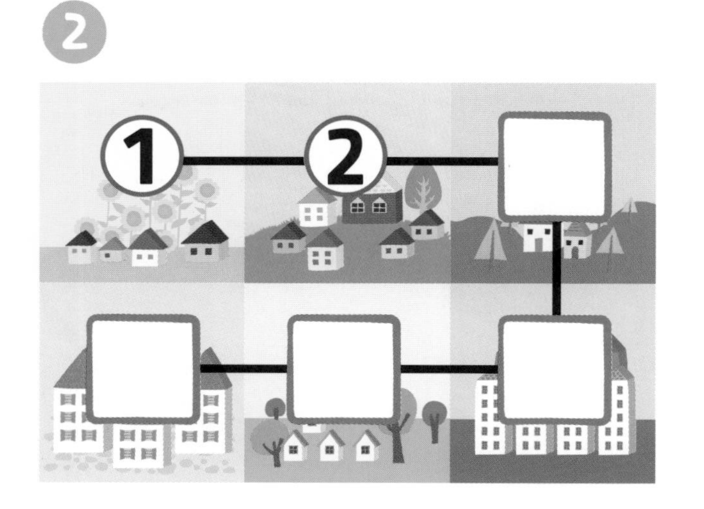

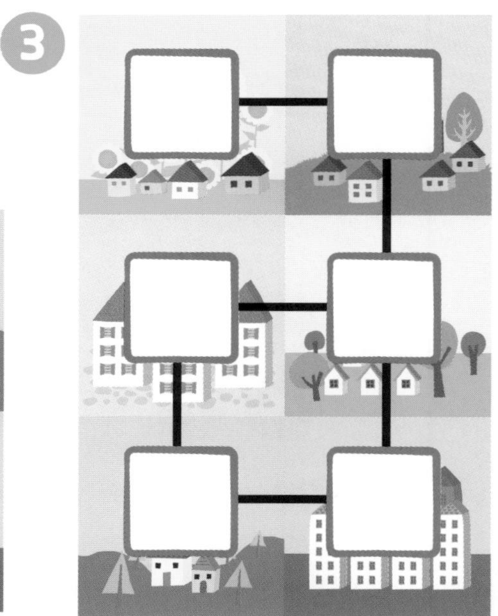

마을을 연결한 도로의 개수만큼 선을 그어 보세요.

보기

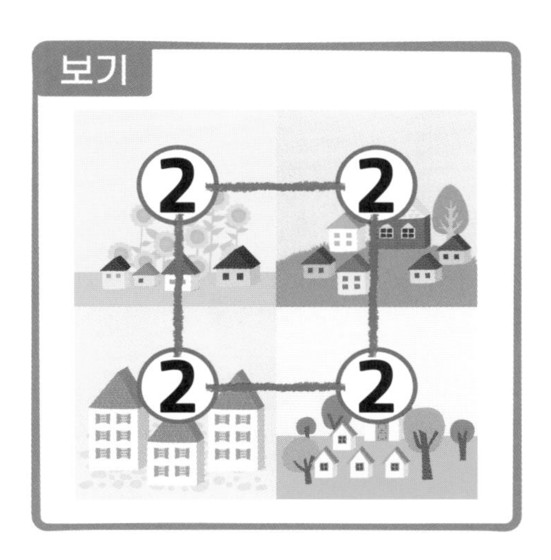

❶

❷

❸

옷을 꾸며요

주어진 빨간색 또는 파란색으로 색칠하여
서로 다른 종류의 옷이 되도록 만들어 보세요.

정답과 풀이

일러두기

풀이 문제에 대한 친절한 설명과 문제를 푸는 전략 및 포인트를 알려 줍니다.

생각 열기 주변에서 함께 생각해 볼 수 있는 상황을 제시하거나 문제의 의도를 알려 줍니다.

틀리기 쉬워요 문제 풀이 과정에서 어려워하거나 혼동하기 쉬운 부분을 짚어 줍니다.

참고 문제를 풀면서 함께 알아 두면 좋은 내용을 알려 줍니다.

12~13쪽

바구니 밖에 있는 신발은 , 입니다. 따라서 신발을 밖으로 던진 친구는 , 입니다.

14~15쪽

이겨라! 이겨라!

결승선에 더 가까운 친구를 찾아 ○표 해 보세요.

14

무궁화꽃이 피었습니다

술래로부터 가장 멀리 있는 친구를 찾아 ○표 해 보세요.

15

풀이

노란색 결승선에 더 가까운 친구는 결승선으로부터 더 짧은 거리에 있는  입니다.

풀이

술래는 나무에 기대어 눈을 가린  입니다.

로부터 가장 멀리 있는 친구는 거리가 가장 떨어져 있는 입니다.

16~17쪽

틀리기 쉬워요

아빠와 가장 가까운 사람 순서대로 1, 2, 3, ⋯을 씁니다.
아빠와 거리가 짧을수록 가까운 곳에 있습니다.

18~19쪽

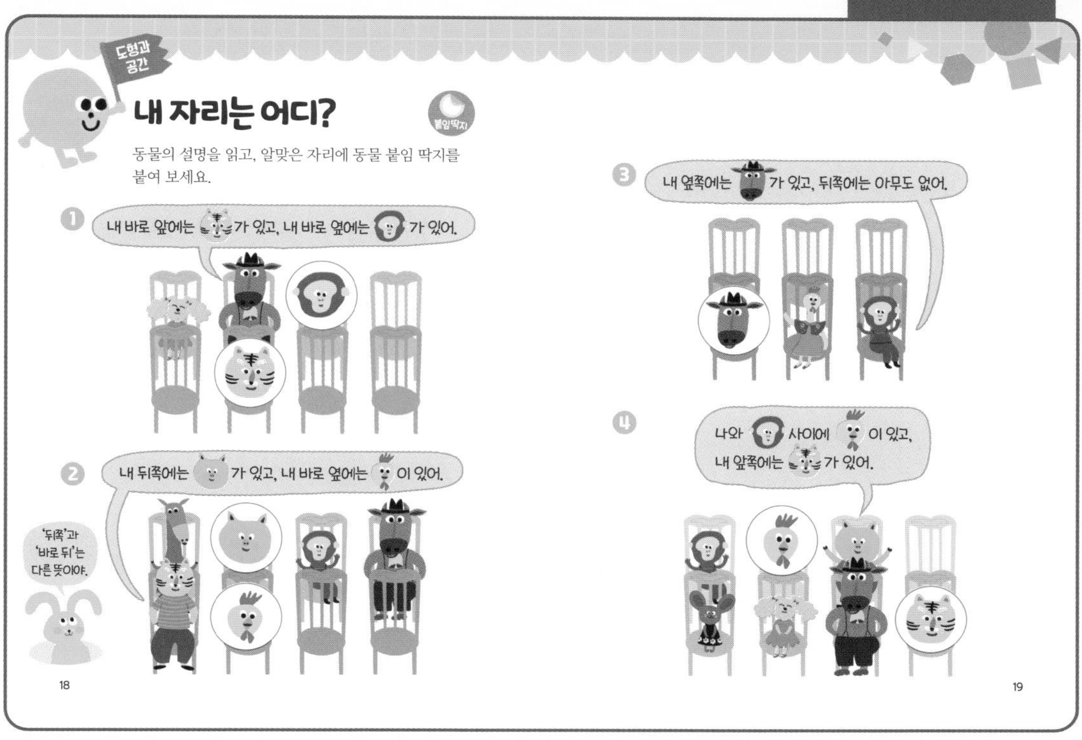

생각 열기

유아는 공간 안에서 자신을 기준으로 물건의 위치를 인식합니다.
'나의 앞/뒤/옆/위/아래'와 같이 유아가 자신을 기준으로 위치를 인식하고 말하도록 합니다.

풀이

2 말하는 동물은 호랑이입니다. 돼지는 호랑이 뒤쪽에 있으므로, 호랑이 뒷자리 중 빈 곳에 있습니다. 호랑이의 '바로 뒤'가 아닌 '뒤쪽'임을 유의합니다.

틀리기 쉬워요

먼저 말하는 사람이 누구인지를 찾습니다. 말하는 사람을 잘못 찾으면 문제를 틀리기 쉽습니다.

풀이

4 말하는 동물은 돼지입니다. 닭은 원숭이와 돼지 사이에 있습니다.
호랑이는 돼지의 앞쪽에 있으므로, 돼지 앞자리 중 빈 곳에 있습니다.
돼지의 '바로 앞'이 아닌 '앞쪽'임에 유의합니다.

생각 열기

유아도 '책상 위', '의자 아래', '풀과 가위 사이'처럼 물건의 위치나 방향을 가리키는 말을 사용할 수 있습니다. 따라서 교실이나 놀이터처럼 친숙한 장소에서 블록이나 그림의 위치와 방향을 정확히 표현해 봅니다.

22~23쪽

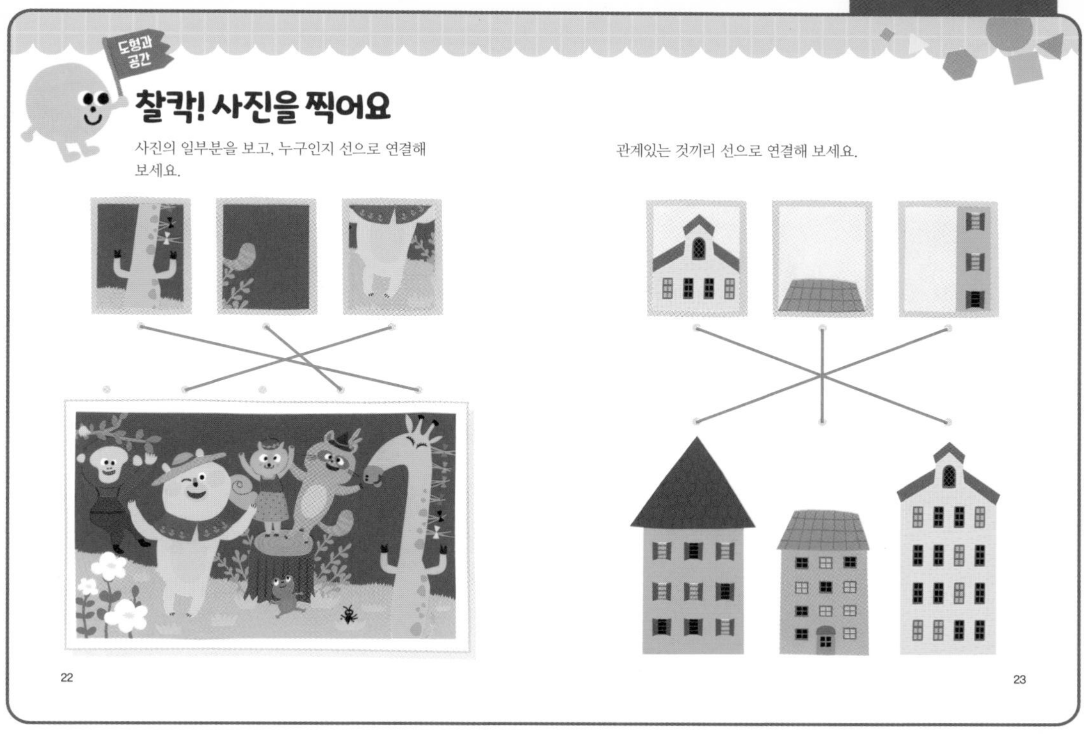

사진 전체에서 주어진 일부분은 다음과 같습니다.

풀이

각 건물에서 주어진 일부분은 다음과 같습니다.

24~25쪽

생각 열기

전체에서 일부분을 추측해 보는 활동입니다. 빈 곳의 주위를 잘 살펴 보고 어떤 그림이 연결될지 생각해 봅니다.

26~27쪽

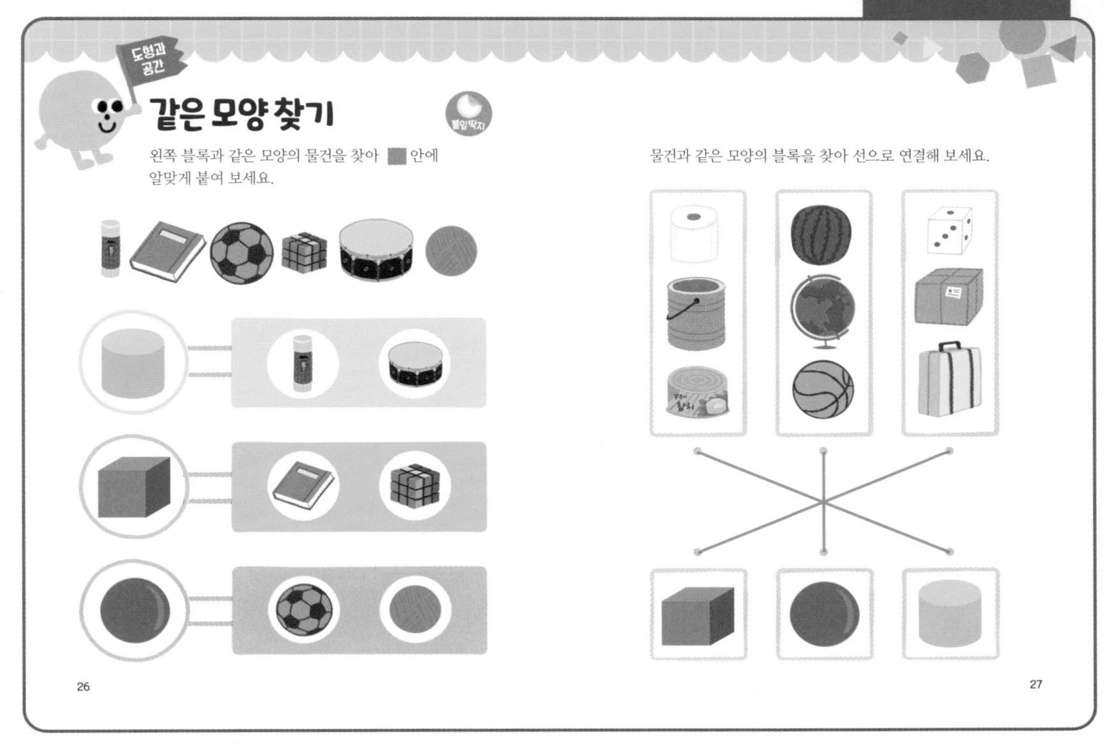

참고

일상생활에서 접하는 여러 가지 물건을 구별하는 활동입니다. 물건을 비슷한 모양끼리 모아 보고, 특징에 따라 이름을 붙여 볼 수 있습니다.

와 같은 모양을 '상자 모양'이라고 부릅니다.

와 같은 모양을 '둥근기둥 모양'이라고 부릅니다.

와 같은 모양을 '공 모양'이라고 부릅니다.

28~29쪽

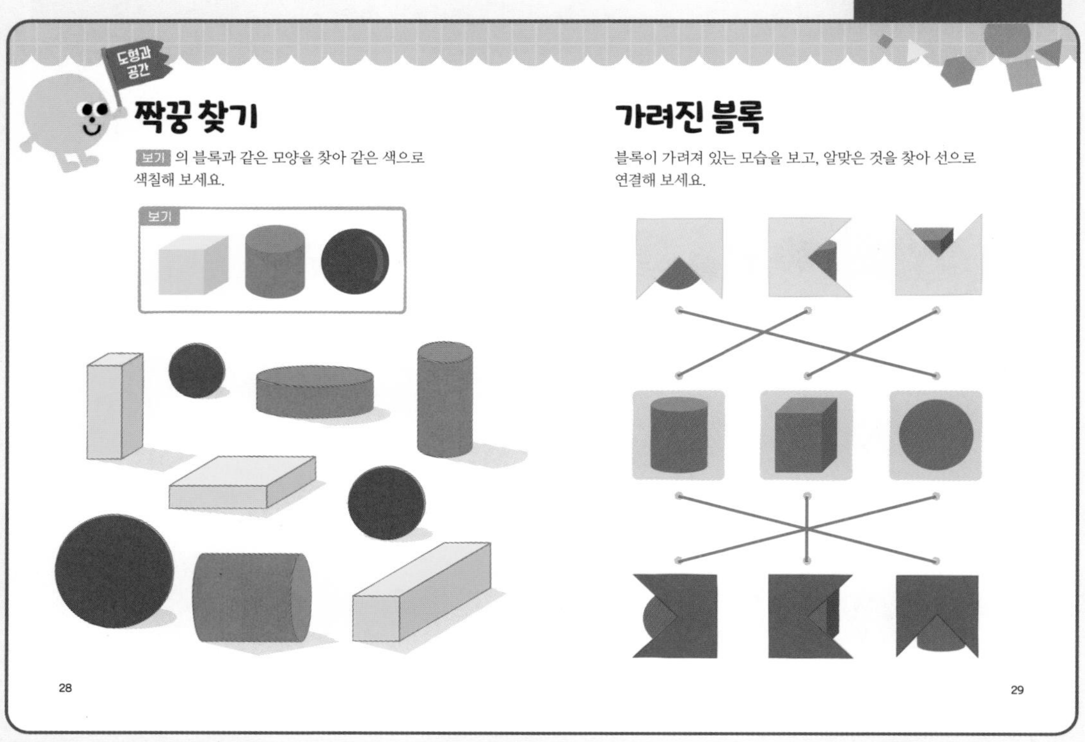

생각 열기

각 입체도형의 생김새와 특징, 즉 뾰족한 곳이 있는지, 평평한 면이 있는지, 둥근 면이 있는지 등을 생각해 봅니다. 또한 서로 다른 크기의 입체도형에서 같은 모양을 찾아봅니다.

풀이

일부만 제시된 모양이 원래 입체도형에서 어느 부분인지 찾아보고, 선으로 연결합니다.

30~31쪽

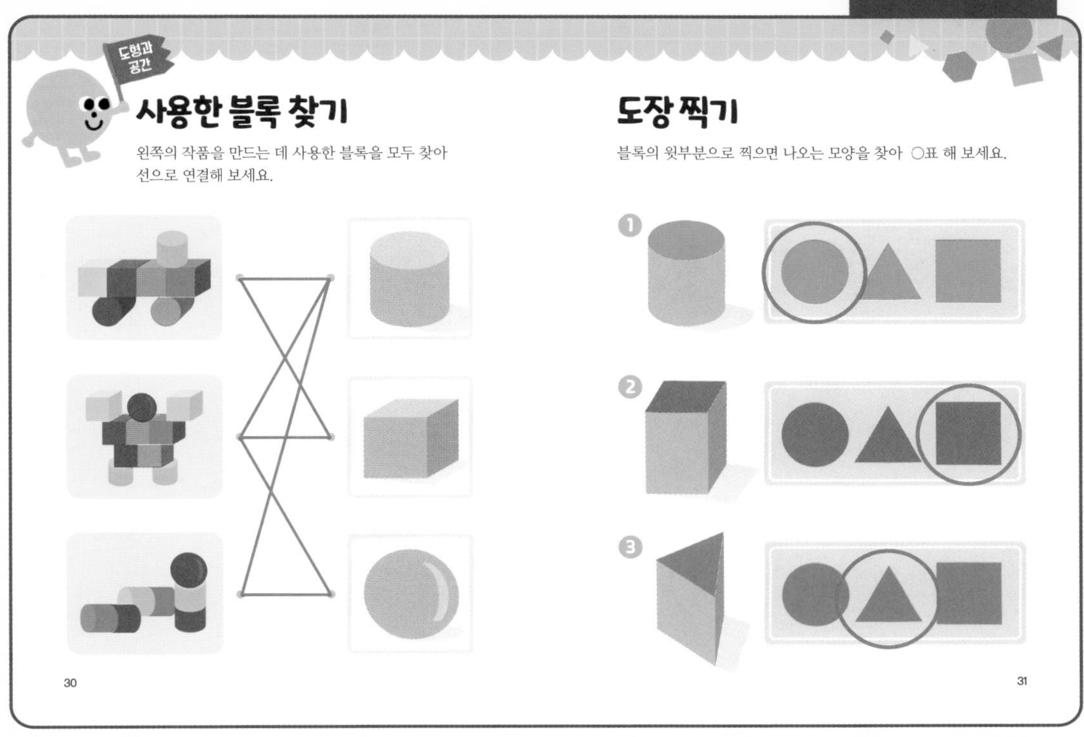

사용한 블록을 모두 찾아야 하므로, 작품당 여러 개의 선이 나올 수 있습니다. 작품당 하나의 선만 연결하지 않도록 주의합니다.

참고

제시된 블록의 윗면은 오른쪽 모양과 달라 보입니다. 주위의 사물을 관찰하여, 보는 각도에 따라 실제와 달라 보일 수 있음을 알려 줍니다.

32~33쪽

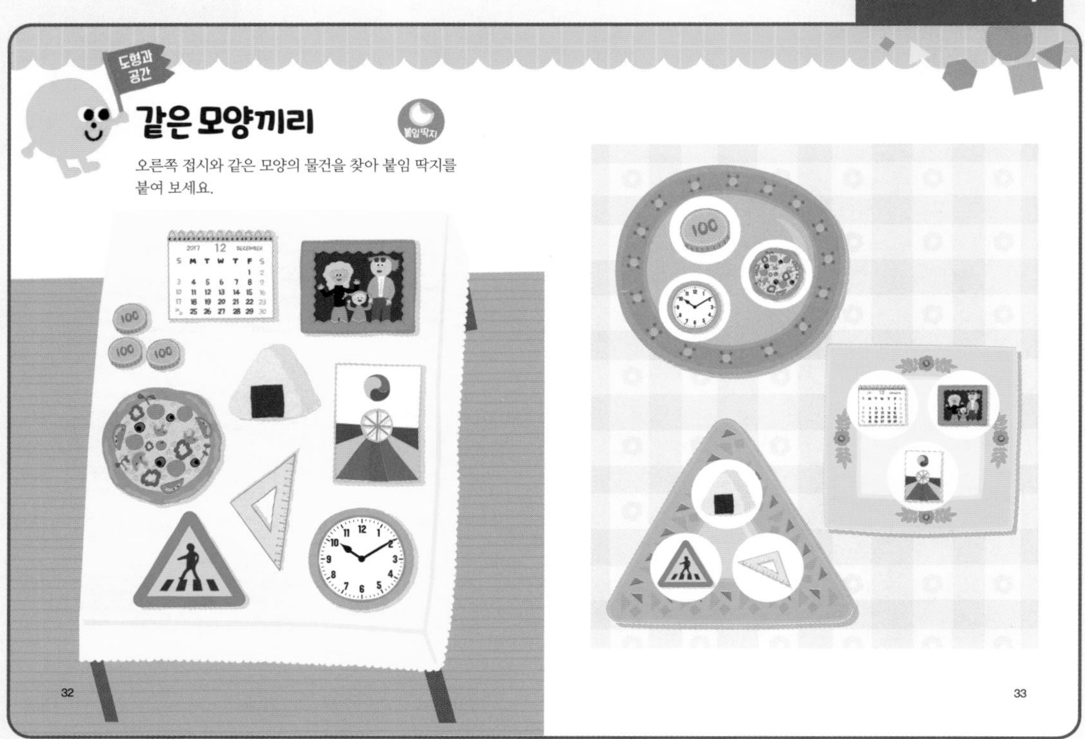

풀이

물건의 생김새를 보고, 특징에 따라 분류하는 활동입니다.
주어진 물건들을 동그라미, 세모, 네모 모양으로 구분하여, 같은 모양의 접시에 붙입니다.

34~35쪽

도형과 공간

내 반쪽을 찾아라!

●, ▲, ■ 모양이 되도록 선으로 연결해 보세요.

같은 모양 쿠키 찾기

쿠키를 같은 모양끼리 선으로 연결해 보세요.

34 35

각 모양을 합하면 다음과 같습니다.

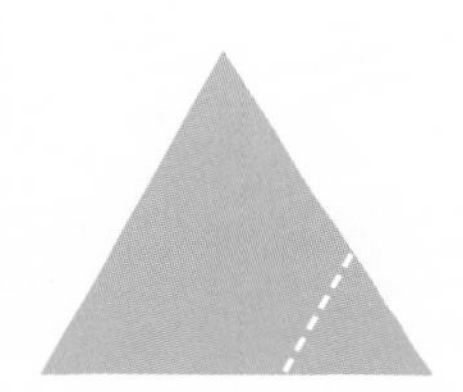

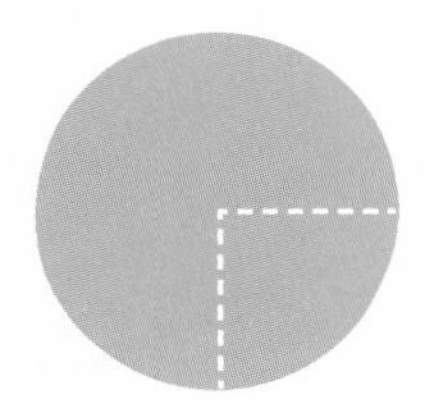

동그라미, 세모, 네모 모양의 특징을 이야기해 보고, 다른 크기와 방향으로 놓인 쿠키를 같은 모양끼리 선으로 연결합니다.

36~37쪽

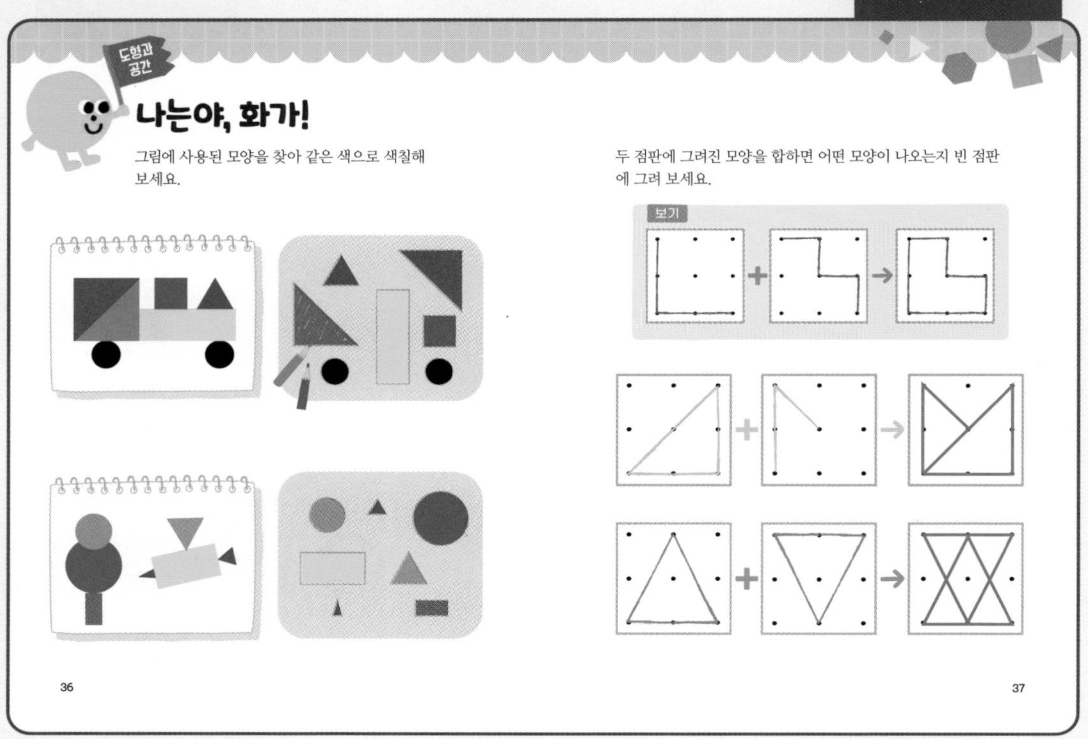

작품에 사용된 모양을 관찰하고 오른쪽과 비교하여 알맞은 색을 칠합니다.

틀리기 쉬워요

첫 번째 모양을 그리고, 두 번째 모양을 그려서 완성합니다. 먼저 그린 모양과 나중에 그린 모양의 점의 위치를 잘 확인하면서 그립니다.

38~39쪽

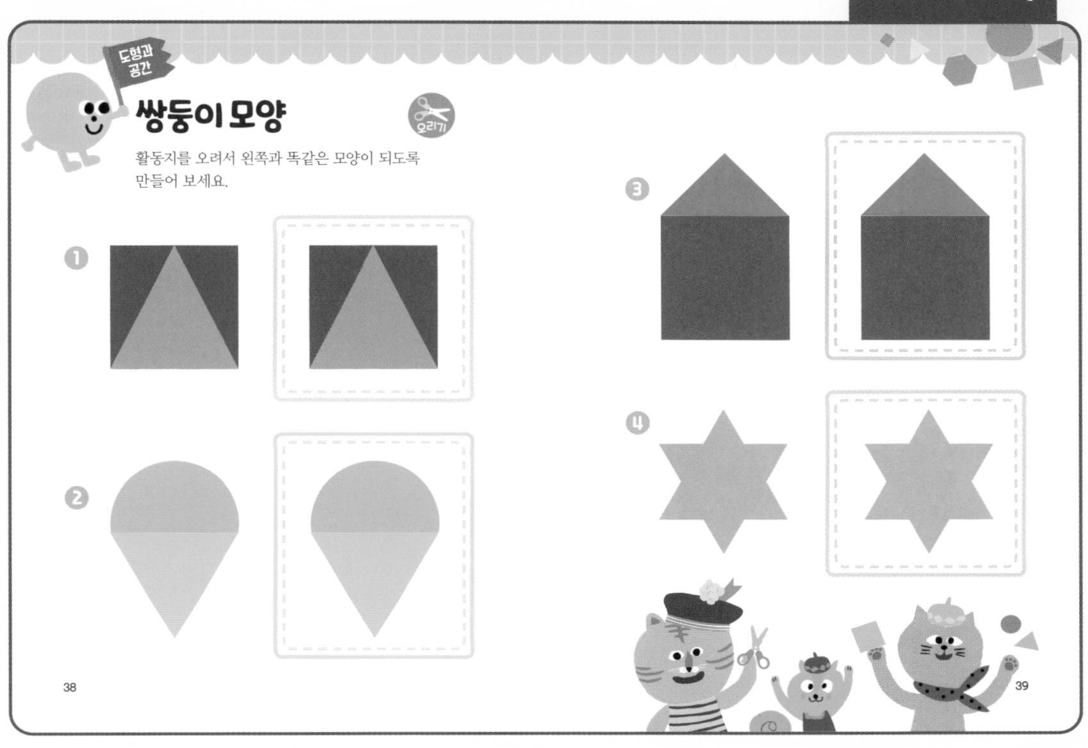

풀이

1~3 왼쪽과 똑같은 모양이 되려면 활동지를 붙이는 '순서'가 중요합니다. 그 순서는 다음과 같습니다.

1

2

3

4 활동지를 붙이는 순서는 중요하지 않습니다. 세모 모양 2개를 서로 반대 방향으로 붙입니다.

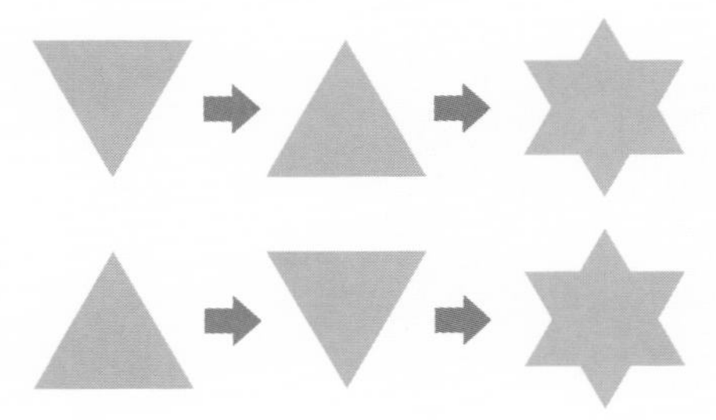

42~43쪽

생각 열기

수의 개념은 인류가 사물을 '같은 개수만큼' 헤아리면서 시작되었습니다. 나무에 매달린 사과 3개는 손가락 3개로, 들판에 있는 염소 3마리는 손가락 3개로 나타냈습니다. 이때 사과와 염소, 손가락은 모두 다르지만, 각각을 센 개수는 3으로 모두 같습니다. 또한 사물 1개당 손가락 1개로 대응됩니다.

유아가 사물의 수와 손가락을 하나씩 대응시키며, 수를 자연스럽게 익힐 수 있도록 지도합니다.

풀이

유부 초밥 1개와 ○칸 1개를 연결지어 생각합니다. "유부 초밥이 하나, 둘, 셋, 넷, 모두 네 개니까 ○칸도 하나, 둘, 셋, 넷, 모두 네 칸에 색칠해요."처럼 수를 세는 활동을 함께합니다.

44~45쪽

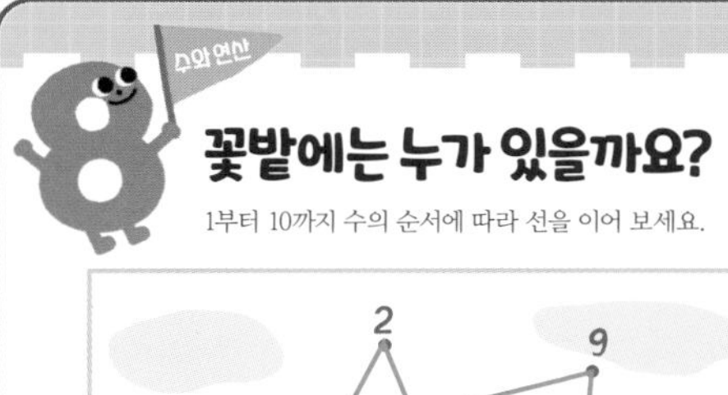

꽃밭에는 누가 있을까요?

1부터 10까지 수의 순서에 따라 선을 이어 보세요.

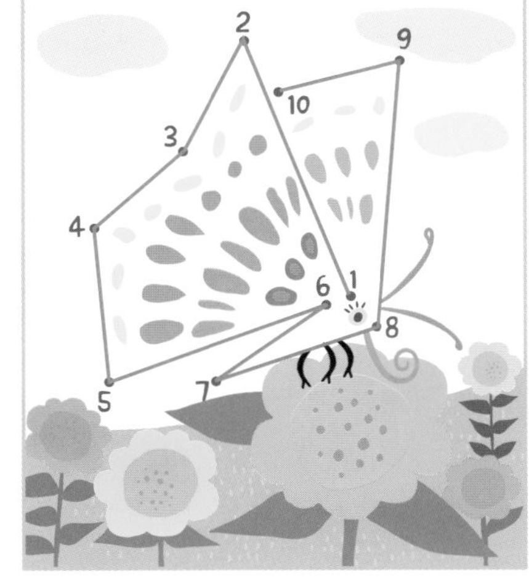

44

숨어 있는 수 찾기

1부터 10까지의 수를 찾아 ○표 해 보세요.

45

1부터 10까지 수의 순서와 함께 숫자에 익숙해질 수 있습니다.

숨어 있는 수를 찾아보면서 수의 모양을 생각해 봅니다.

46~47쪽

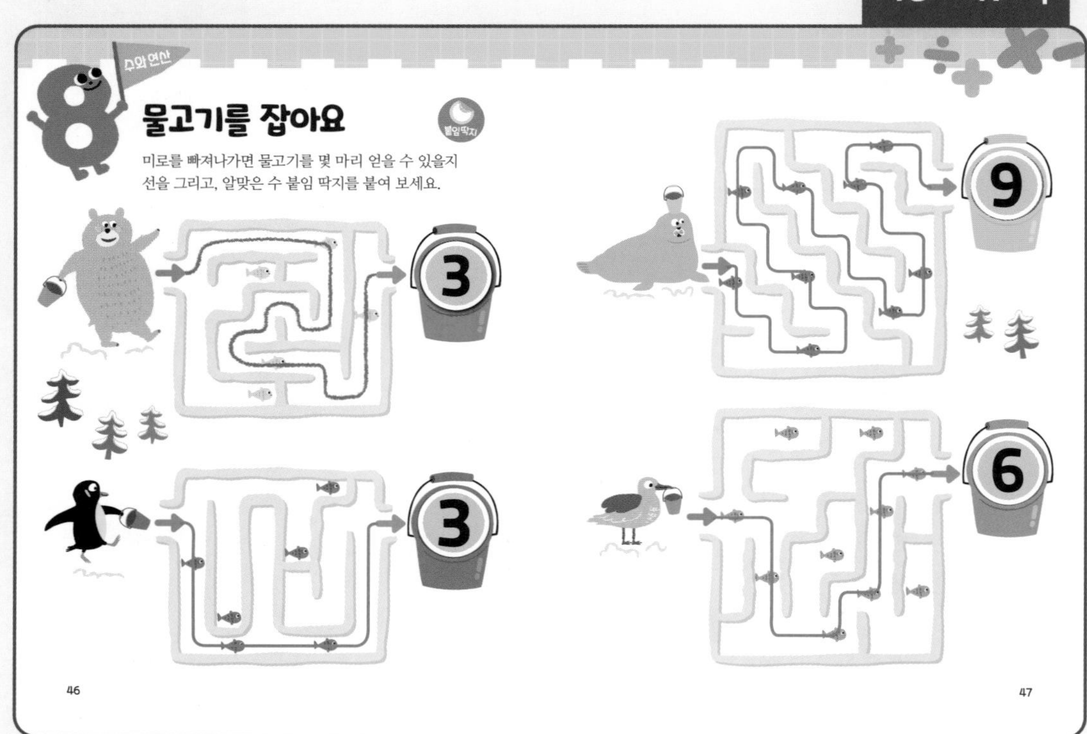

풀이

미로를 빠져나가기 위해 지나온 길에 물고기는 모두 몇 마리인지 세어 봅니다.

틀리기 쉬워요

미로 안에 있는 물고기를 모두 세지 않도록 합니다.

48~49쪽

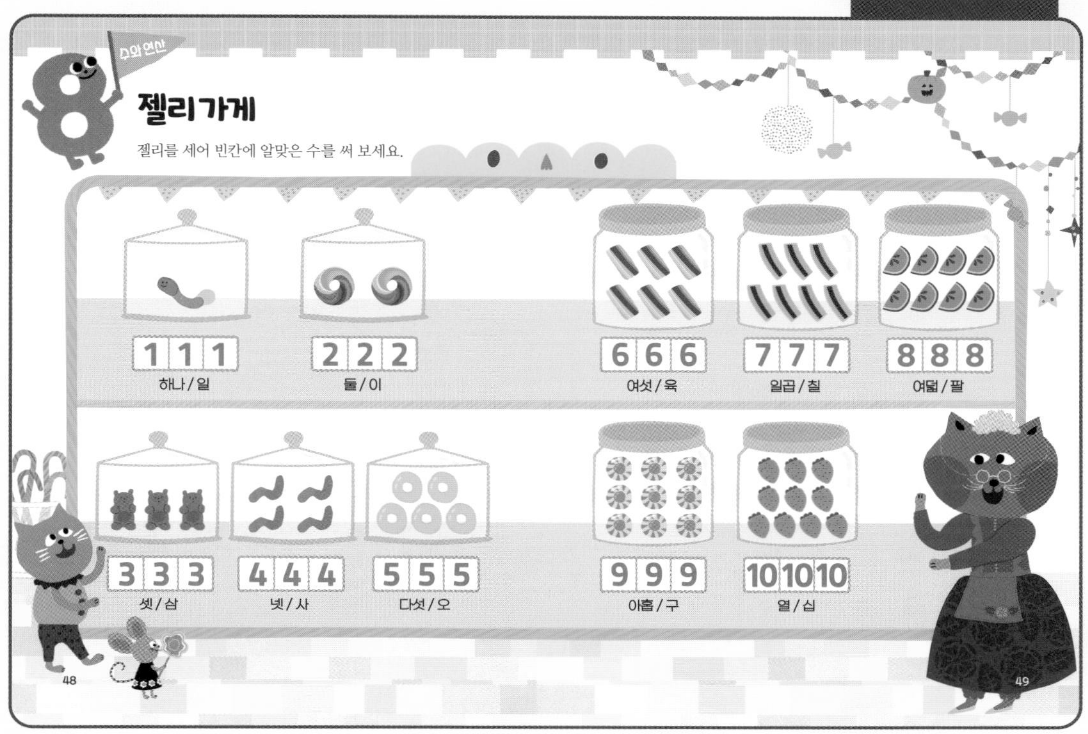

1~10까지를 세고, 정확하게 쓰는 연습을 합니다.

50~51쪽

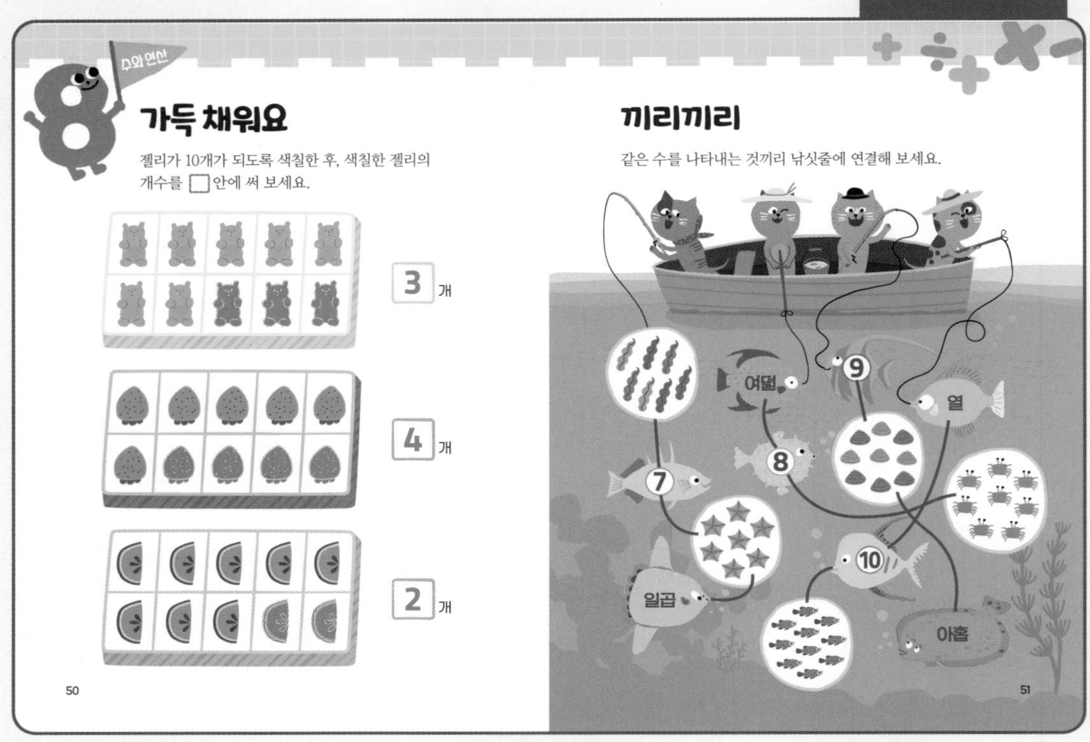

생각 열기

우리가 사용하는 수에서 10은 중요한 의미가 있습니다. 10의 거듭제곱(10, 100, 1000…)을 단위로 하여 자릿값이 바뀌기 때문입니다. 따라서 유아에게 10을 한 묶음으로 생각하는 활동이 중요합니다. 이 문제에서 10이 되기 위해서는 몇 개를 더 채워야 하는지 생각해 봅니다.

생각 열기

사물의 개수를 수로 표현하고, 바르게 읽을 수 있습니다.

52~53쪽

풀이

1부터 10까지의 수를 세고, 순서를 짚어 보는 활동입니다.
1, 2, 3, 4, 5, 6, 7, 8, 9, 10을 하나씩 순서대로 찾아보며, 빠진 수가 무엇인지 파악합니다.
추가적으로 15 또는 20까지 수를 확장하여 빠진 수를 찾는 활동을 할 수 있습니다.

54~55쪽

생각 열기

수는 1개, 2개, 3개,…처럼 사물의 개수를 셀 때도 쓰이지만, 첫째, 둘째, 셋째,…처럼 순서를 나타낼 때도 쓰입니다.

56~57쪽

수의 순서를 이해하고 적용해 보는 활동입니다.

58~59쪽

책 정리하기

책을 번호 순서대로 정리하려고 해요. □ 안에 알맞은 번호를 써 보세요.

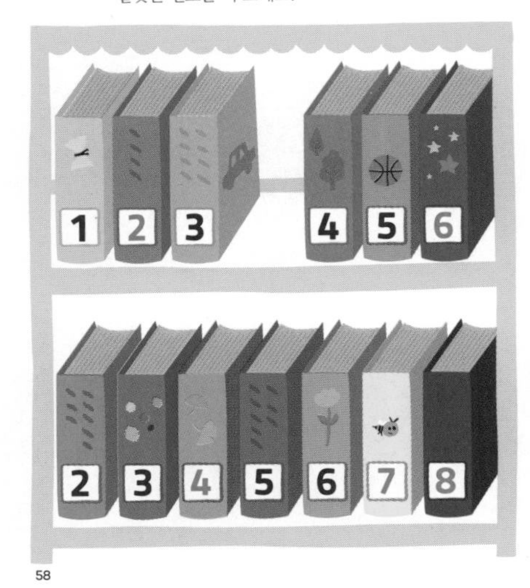

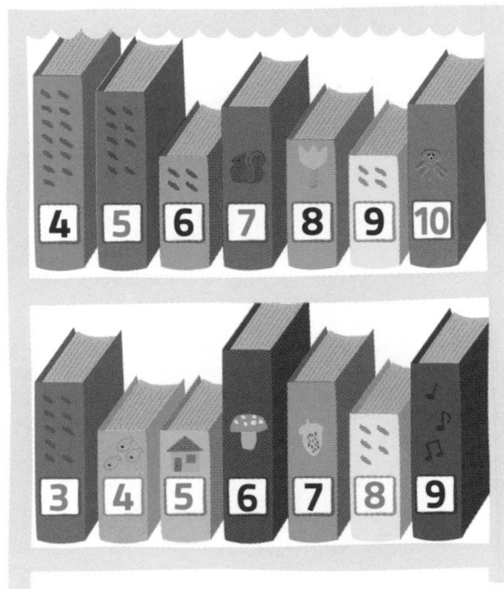

풀이

10까지 수의 순서를 알 수 있습니다.

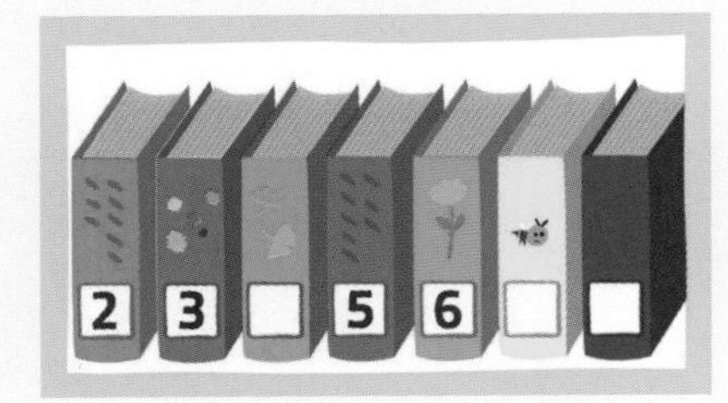

3 다음의 수는 4입니다.
3과 5 사이의 수는 4입니다.
6 다음의 수는 7입니다.
7 다음의 수는 8입니다.

풀이

6 앞의 수는 5입니다.
5 앞의 수는 4입니다.
4 앞의 수는 3입니다.
7 다음의 수는 8입니다.
7과 9 사이의 수는 8입니다.

60~61쪽

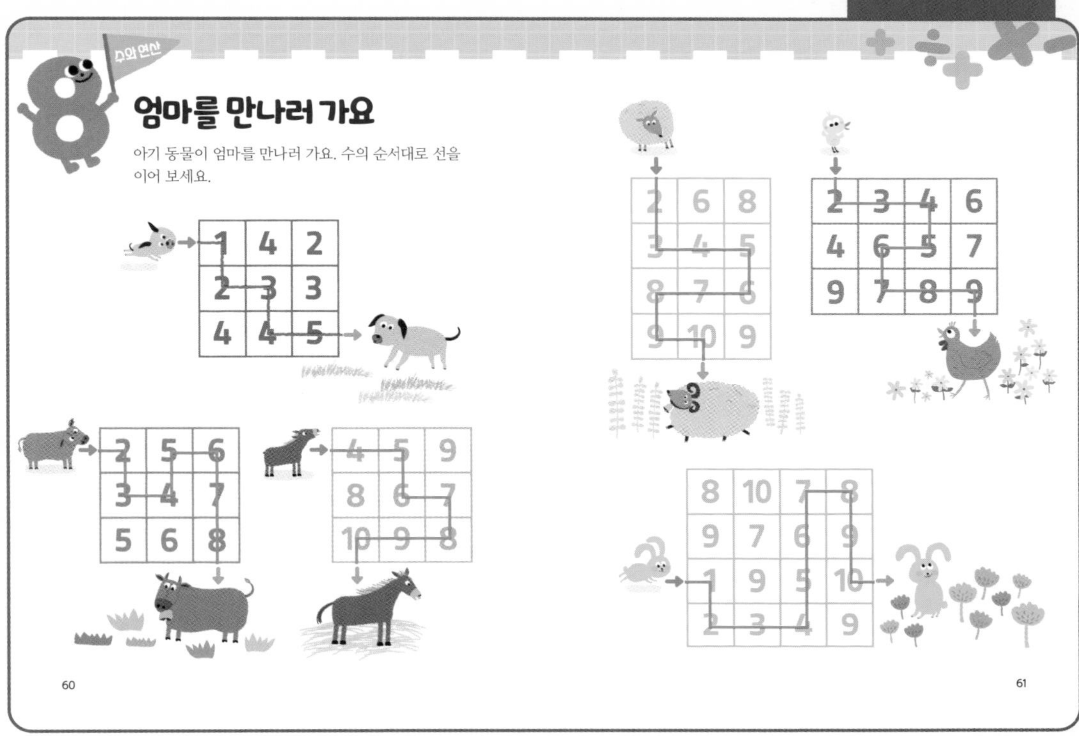

출발과 도착의 수를 보고, 그 사이의 수를 순서대로 연결합니다.

- 2에서 출발해 8에서 도착
  : 2-3-4-5-6-7-8
- 4에서 출발해 10에서 도착
  : 4-5-6-7-8-9-10
- 2에서 출발해 10에서 도착
  : 2-3-4-5-6-7-8-9-10
- 2에서 출발해 9에서 도착
  : 2-3-4-5-6-7-8-9
- 1에서 출발해 10에서 도착
  : 1-2-3-4-5-6-7-8-9-10

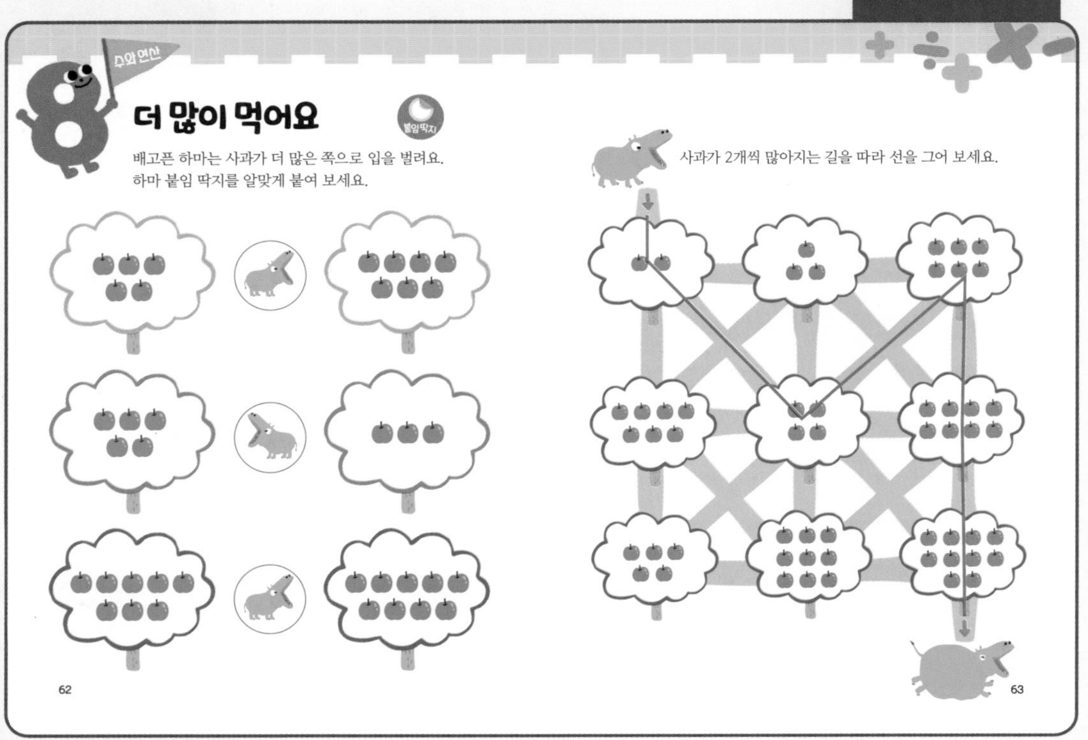

사과의 개수를 비교하여 수의 크기를 비교합니다.
사과의 개수를 비교할 때에는 한 개씩 대응시켜 비교하여 남아 있는 쪽의 개수가 더 많음을 확인합니다.

2개에서 시작했으므로 2개씩 많아지는 2-4-6-8-10 순서로 선을 연결합니다.

64~65쪽

틀리기 쉬워요

수가 나타내는 양만큼 색칠하고 크기를 비교하는 활동입니다. 유아가 도넛의 개수를 헷갈리지 않게 하나씩 대응하며 색칠하도록 합니다.

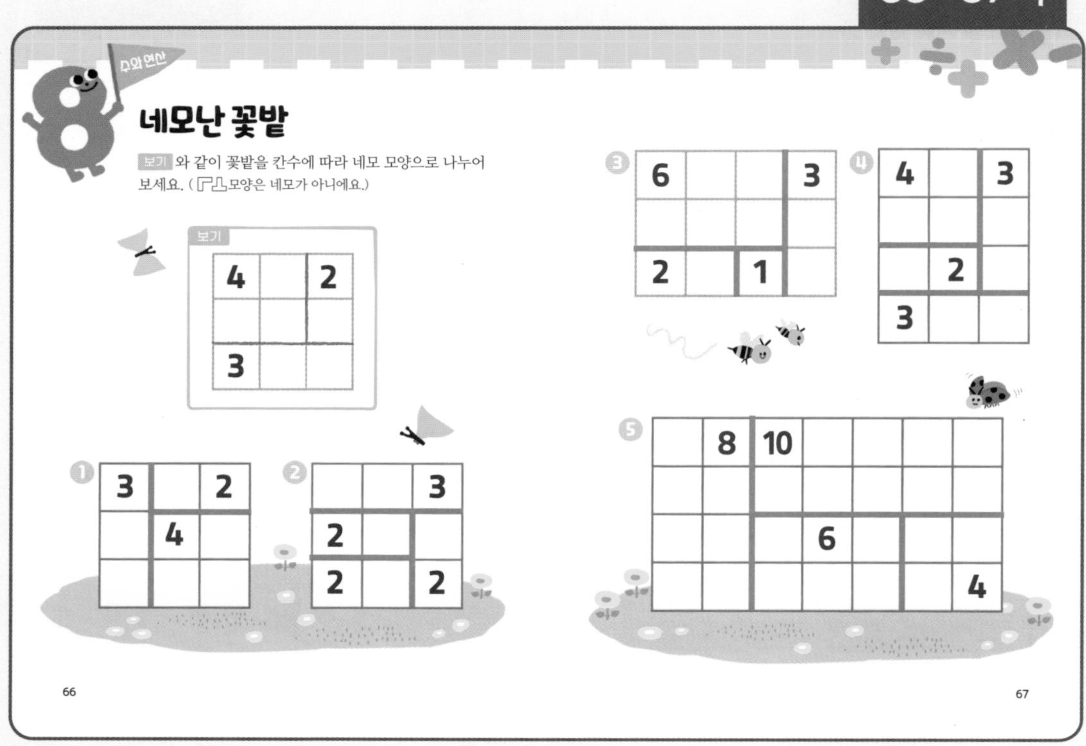

틀리기 쉬워요

꽃밭을 네모 모양으로 나누는 규칙을 이해해야 합니다. 아래처럼 나누면 칸 수는 맞지만 네모 모양은 아닙니다.

풀이

가장 큰 수의 꽃밭을 먼저 나누고, 작은 수의 꽃밭을 나누면 문제를 쉽게 해결할 수 있습니다.

3 6칸의 꽃밭을 먼저 나누고, 3칸, 2칸, 1칸의 꽃밭을 나눕니다.

4 4칸의 꽃밭을 먼저 나누고, 3칸, 2칸의 꽃밭을 나눕니다.

5 10칸의 꽃밭을 먼저 나누고, 8칸, 6칸, 4칸의 꽃밭을 나눕니다.

70~71쪽

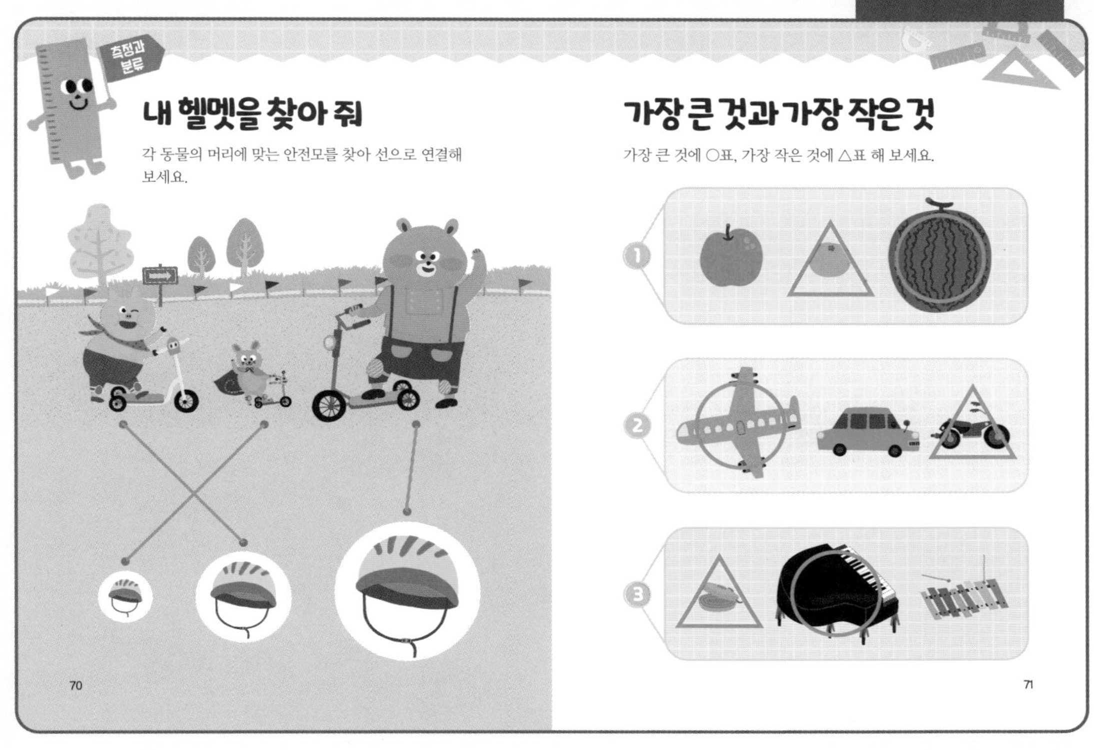

생각 열기

사물의 크기를 직관적으로 이해하고, '크다, 작다' 등으로 표현해 봅니다.

풀이

동물을 머리가 큰 순서대로 나열하면 곰, 돼지, 쥐입니다. 따라서 가장 큰 헬멧을 곰이, 중간 크기의 헬멧을 돼지가, 가장 작은 헬맷을 쥐가 씁니다.

72~73쪽

생각 열기

두 물건의 길이를 직관적으로 비교하고, '길다, 짧다' 등으로 표현해 봅니다.

활동지에서 오린 막대를 직접 대어 길이를 비교합니다. 왼쪽보다는 길고, 오른쪽보다는 짧은 막대를 찾아 빈 곳에 붙입니다.

풀이

같은 위치에서 물고기 5마리의 길이를 비교하면 다음과 같습니다.

따라서 길이가 가장 긴 물고기는 , 가장 짧은 물고기는 입니다.

74~75쪽

측정과 분류

연을 높이 날리자!

가장 높게 나는 연에 ○표, 가장 낮게 나는 연에 △표 해 보세요.

74

불을 끄려면?

붙임 딱지

불이 났어요! 사다리의 길이를 보고 구할 수 있는 동물을 찾아 알맞은 붙임 딱지를 붙여 보세요.

75

바닥을 기준으로 가장 높게 나는 연과 가장 낮게 나는 연을 찾아봅니다.

높은 층일수록 긴 사다리가 필요합니다. 가장 높이 있는 동물부터 순서대로 나열하면 양, 토끼, 개구리입니다. 따라서 양은 가장 긴 사다리가, 토끼는 중간 길이의 사다리가, 개구리는 가장 짧은 사다리가 필요합니다.

사다리의 길이는 '길다, 짧다'로, 건물의 높이는 '높다, 낮다'로 구분하여 씁니다.

76~77쪽

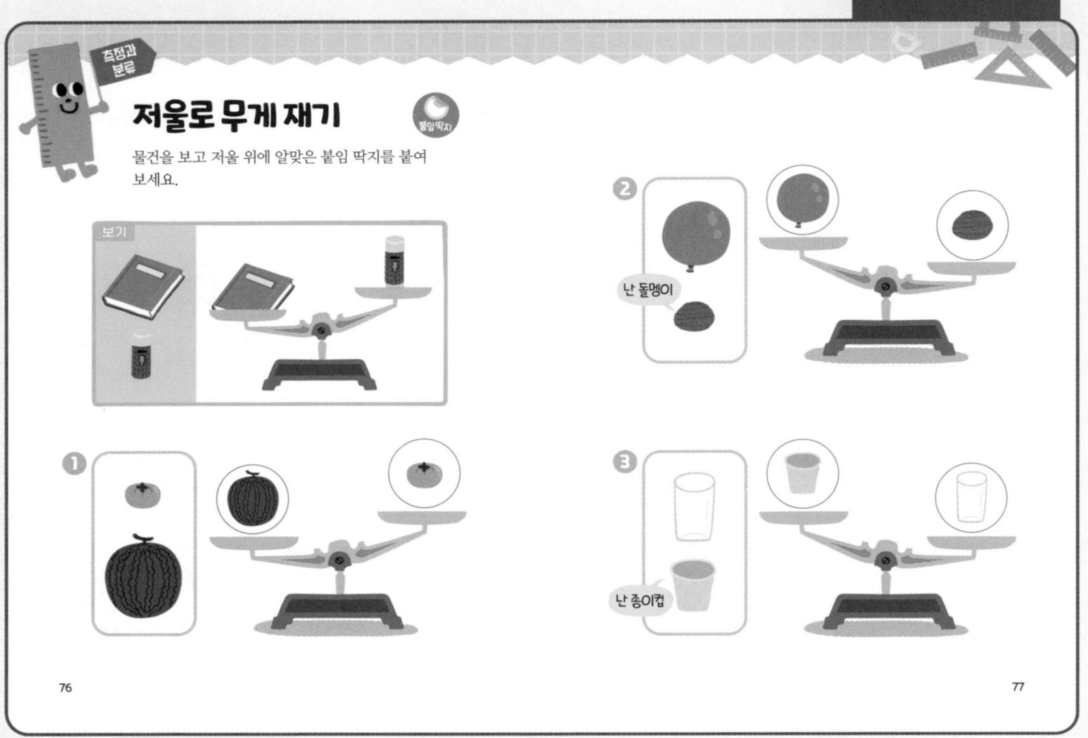

생각 열기

시소를 예로 들어 윗접시 저울의 원리를 설명합니다. 무거운 쪽이 아래로, 가벼운 쪽이 위로 올라갑니다.

틀리기 쉬워요

사물의 크기가 클수록 더 무겁다고 생각할 수 있습니다. 사물의 원료(재질)에 따라 무게가 달라질 수 있음을 설명합니다.

풀이

3 왼쪽에 종이컵, 오른쪽에 유리컵을 붙입니다.

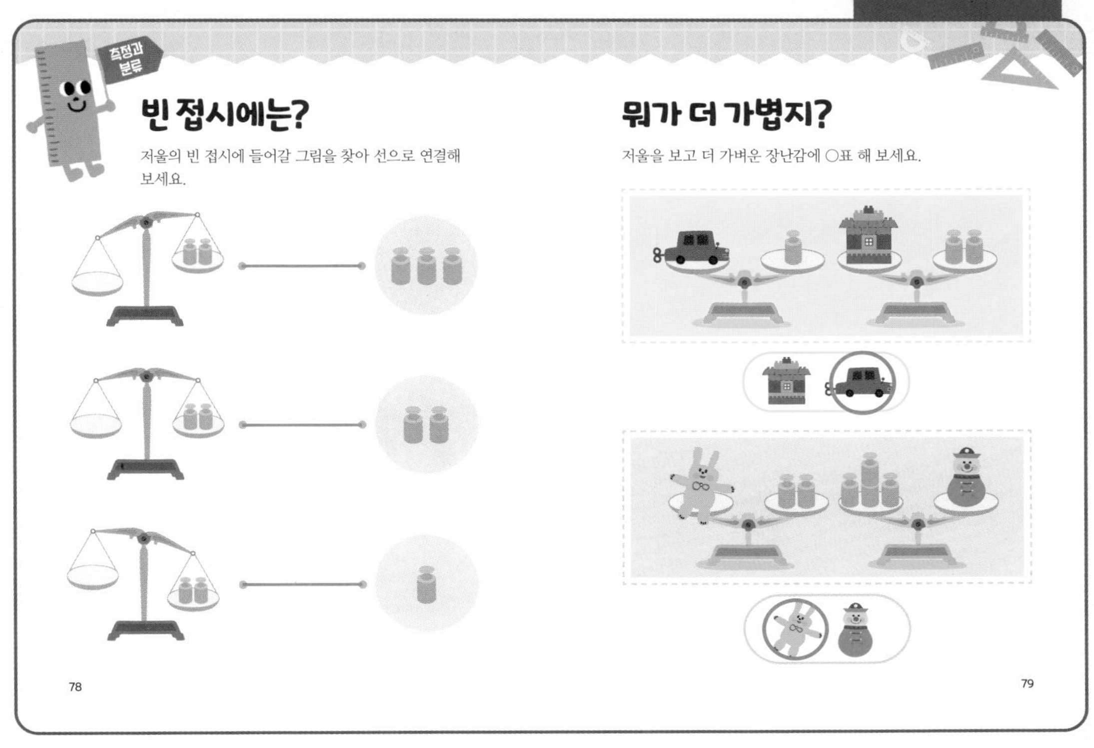

- 첫 번째 저울 : 추 2개보다 무거워야 하므로 추 3개에 연결합니다.
- 두 번째 저울 : 추 2개와 무게가 같아야 하므로 추 2개에 연결합니다.
- 세 번째 저울 : 추 2개보다 가벼워야 하므로 추 1개에 연결합니다.

풀이

- 자동차는 추 1개, 집 블록은 추 2개와 무게가 같습니다. 따라서 자동차가 집 블록보다 더 가볍습니다.
- 토끼 인형은 추 2개, 오뚝이는 추 4개와 무게가 같습니다. 따라서 토끼 인형이 오뚝이보다 더 가볍습니다.

80~81쪽

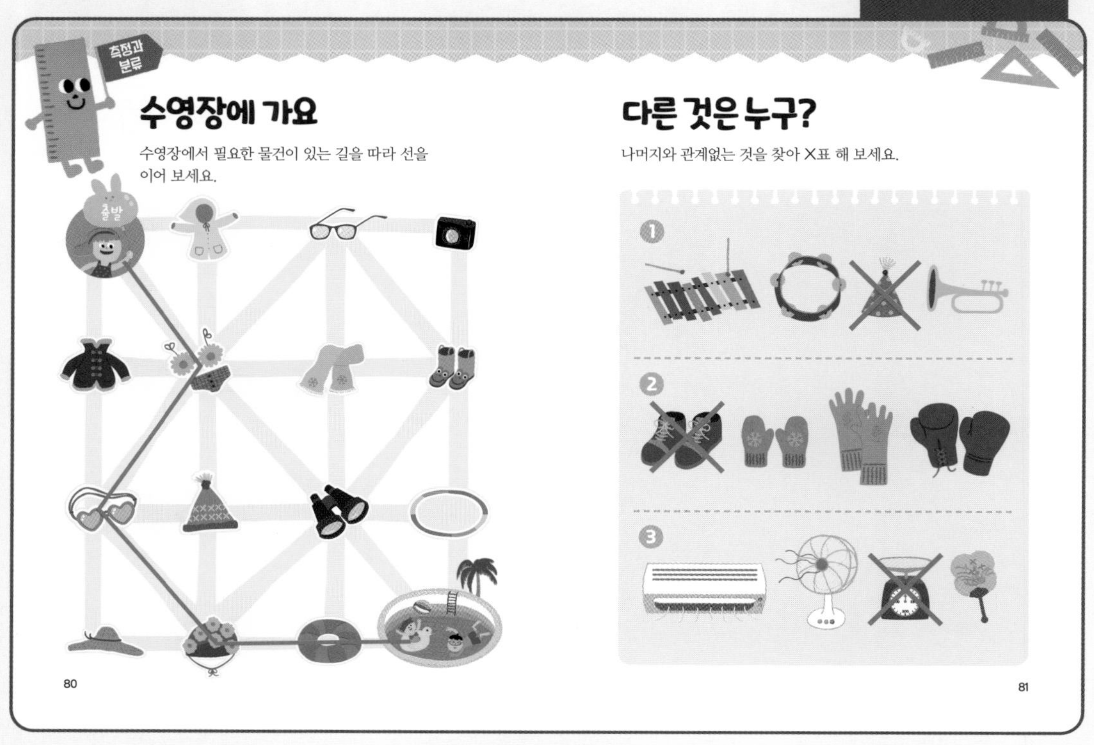

수영장에서 필요한 물건은 수영복, 물안경, 수영모, 튜브입니다.

풀이

물건의 속성을 잘 살펴보고 같은 종류로 묶어 봅니다.

1 실로폰, 탬버린, 나팔은 악기이지만, 고깔모자는 악기가 아닙니다.

2 털실장갑, 고무장갑, 권투 장갑은 손에 끼는 장갑이지만 신발은 장갑이 아닙니다.

3 에어컨, 선풍기, 부채는 바람이 나오지만, 저울은 바람이 나오지 않습니다.

82~83쪽

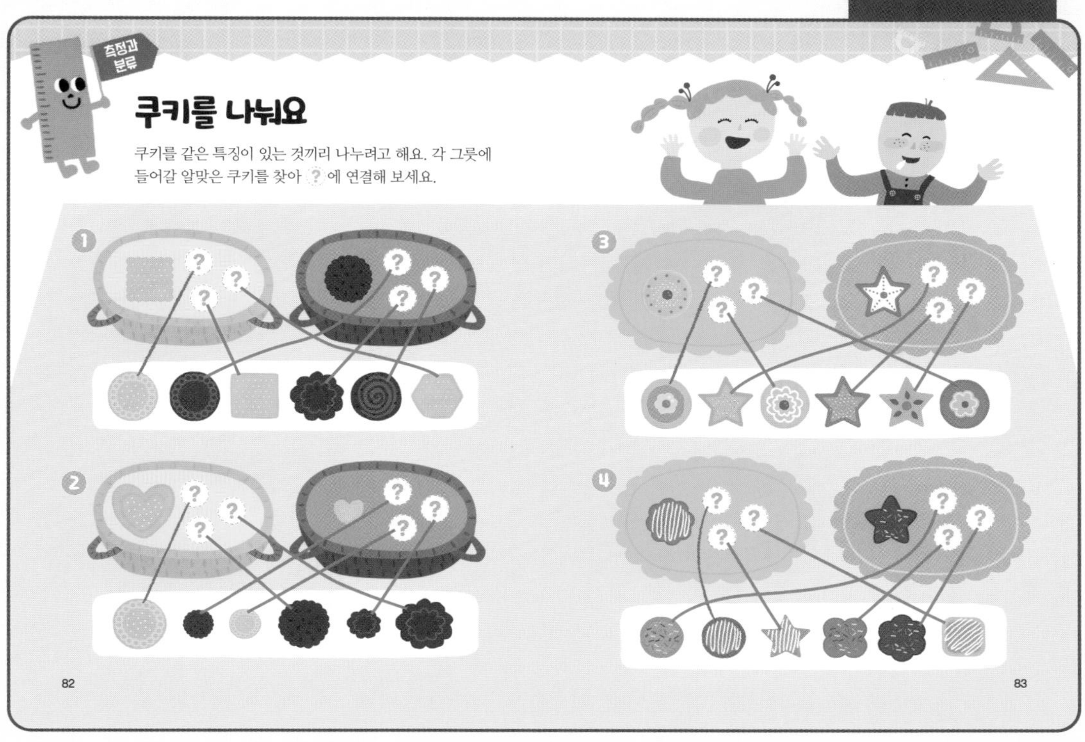

생각 열기

주어진 자료를 탐색하고 모양, 크기, 색깔, 무늬 등과 같은 기준으로 분류해 봅니다.

풀이

1 같은 색깔끼리 모읍니다.

2 같은 크기끼리 모읍니다.

풀이

3 같은 모양끼리 모읍니다.

4 같은 토핑(쿠키 위의 장식)끼리 모읍니다.

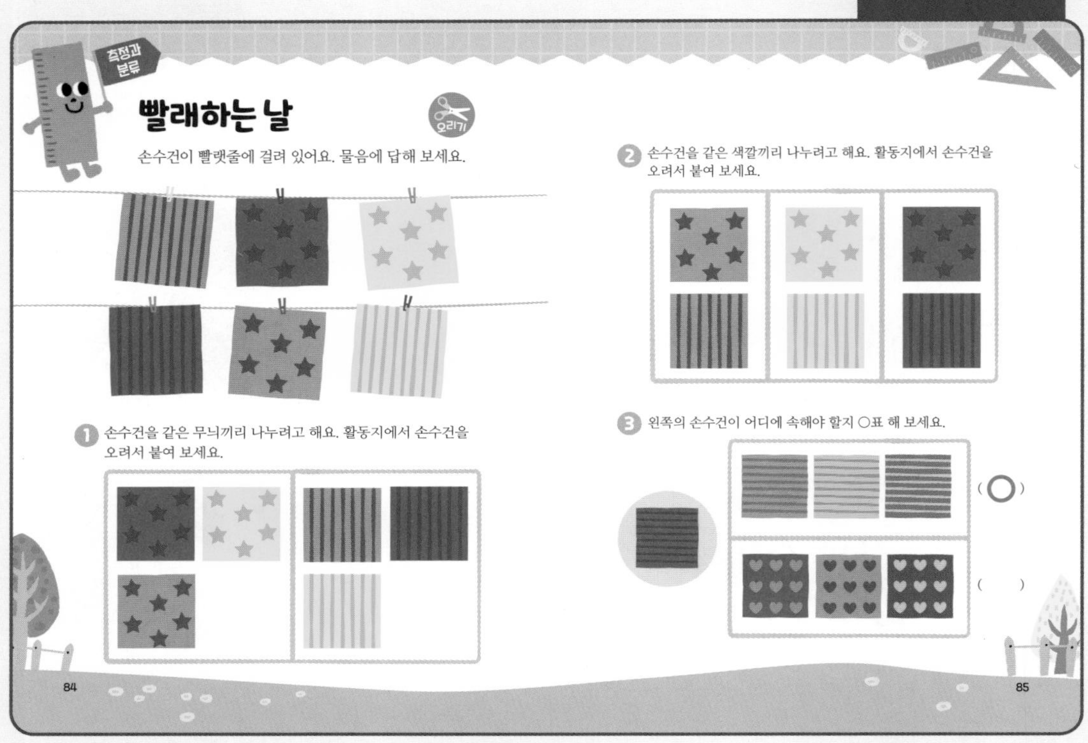

각 손수건은 색깔과 무늬 두 가지 속성이 있습니다.

1 별무늬끼리, 줄무늬끼리 모읍니다.

2 분홍색끼리, 노란색끼리, 초록색끼리 모읍니다.

3 위는 줄무늬끼리, 아래는 하트무늬끼리 모은 것입니다. 따라서 왼쪽 손수건은 위쪽에 속해야 합니다.

86~87쪽

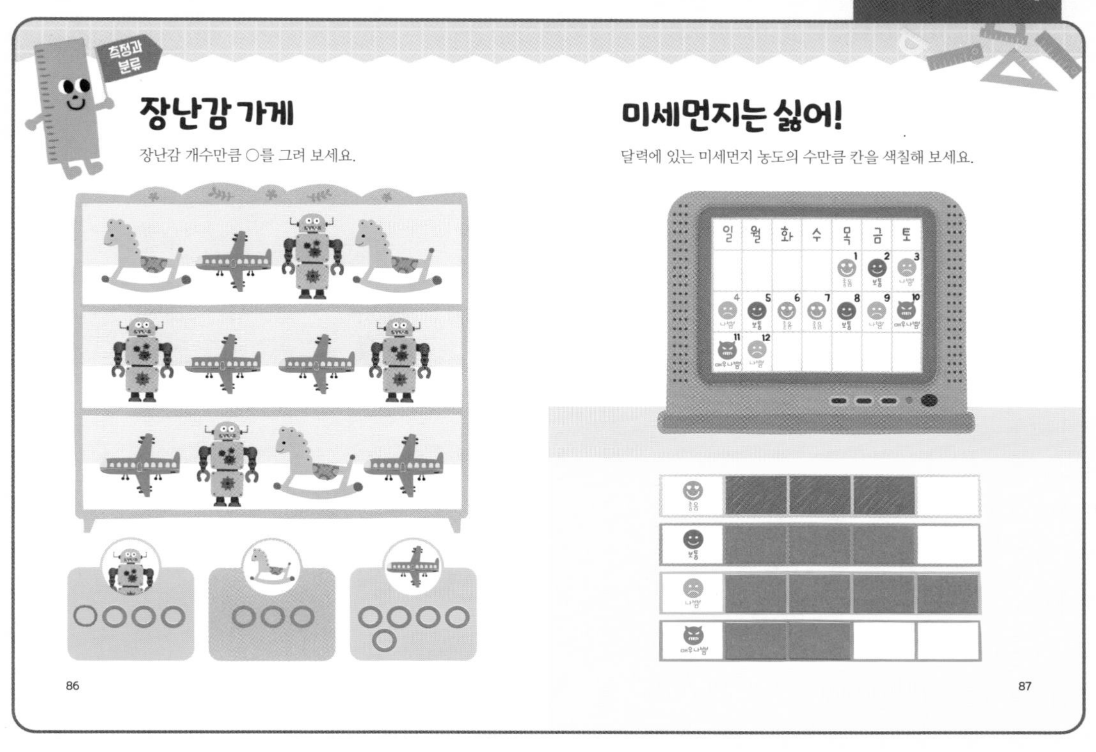

풀이

장난감의 개수만큼 ○로 표시합니다. 로봇은 4개, 목마는 3개, 비행기는 5개이므로 ○를 각각 4개, 3개, 5개 그립니다.

생각 열기

주어진 자료를 그래프에 나타내는 활동입니다.

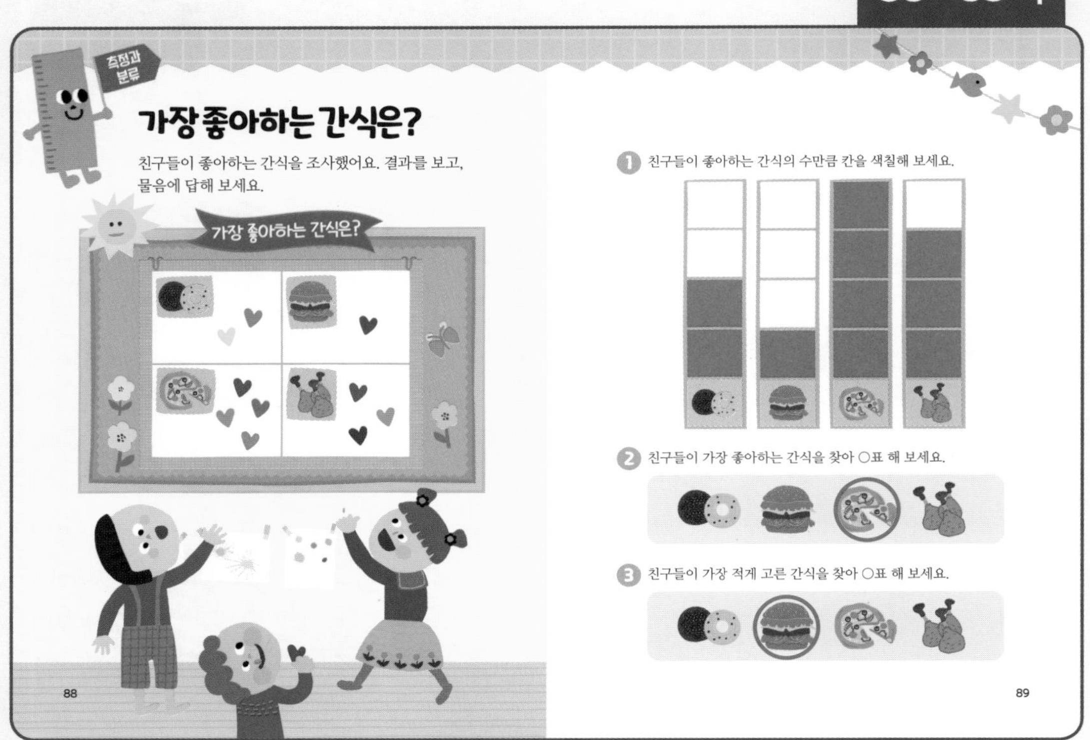
측정과 분류

가장 좋아하는 간식은?

친구들이 좋아하는 간식을 조사했어요. 결과를 보고, 물음에 답해 보세요.

1 친구들이 좋아하는 간식의 수만큼 칸을 색칠해 보세요.

2 친구들이 가장 좋아하는 간식을 찾아 ○표 해 보세요.

3 친구들이 가장 적게 고른 간식을 찾아 ○표 해 보세요.

88 89

생각 열기

수집한 자료를 그래프로 나타내고 결과를 설명합니다. 자료를 그래프로 나타내면 필요한 정보를 한눈에 파악할 수 있습니다.

1 도넛에 2칸, 햄버거에 1칸, 피자에 4칸, 치킨에 3칸 색칠합니다.

2 1번 그래프에서 가장 높은 칸은 피자입니다. 따라서 친구들이 가장 좋아하는 간식은 피자입니다.

3 1번 그래프에서 가장 낮은 칸은 햄버거입니다. 따라서 친구들이 가장 적게 고른 간식은 햄버거입니다.

92~93쪽

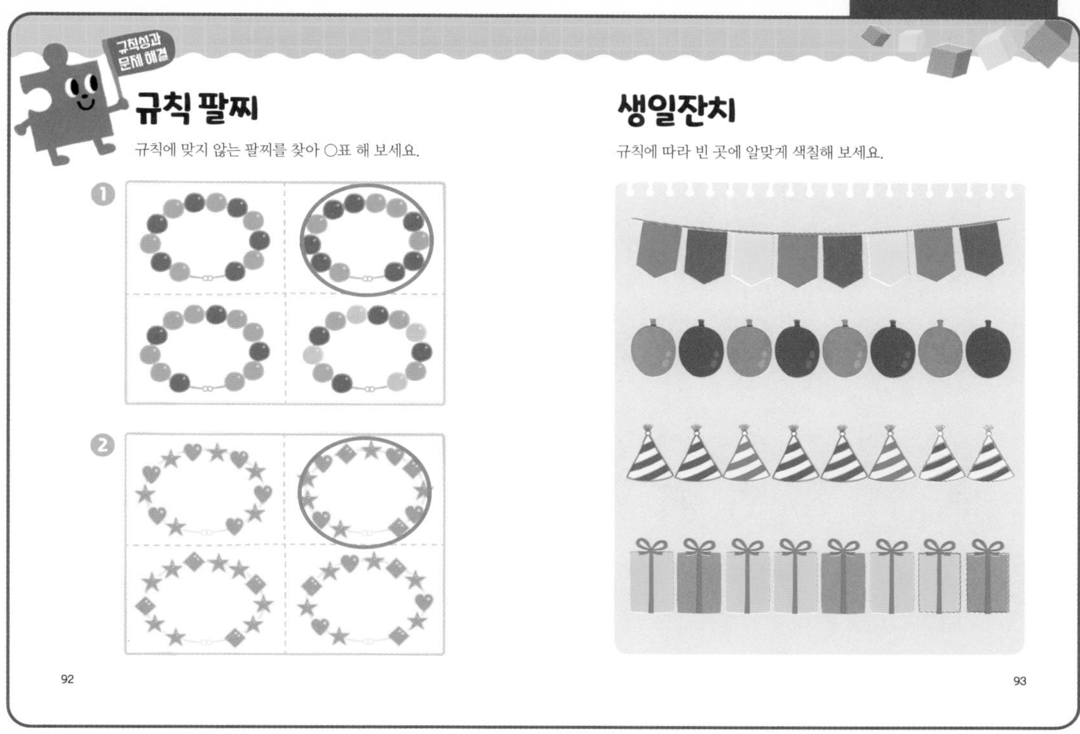

생각 열기

규칙성이란 패턴(pattern)이라고도 하며, 기본 단위가 일정하게 되풀이되는 것을 말합니다. 사계절은 봄, 여름, 가을, 겨울이 되풀이되며, 일주일은 일, 월, 화, 수, 목, 금으로 되풀이됩니다. 유아가 생활 속에서 규칙성을 찾아보고 표현하도록 합니다.

문제에서 규칙 마디를 찾고, 일정하게 되풀이되는지 확인합니다.

풀이

- 빨간색-초록색-노란색이 되풀이되므로 빈 곳에 빨간색, 초록색으로 칠합니다.
- 분홍색-보라색이 되풀이되므로 빈 곳에 분홍색, 보라색을 칠합니다.
- 초록색-초록색-빨간색이 되풀이되므로 빈 곳에 초록색, 초록색을 칠합니다.
- 노란색-파란색-노란색이 되풀이되므로 빈 곳에 노란색, 파란색을 칠합니다.

94~95쪽

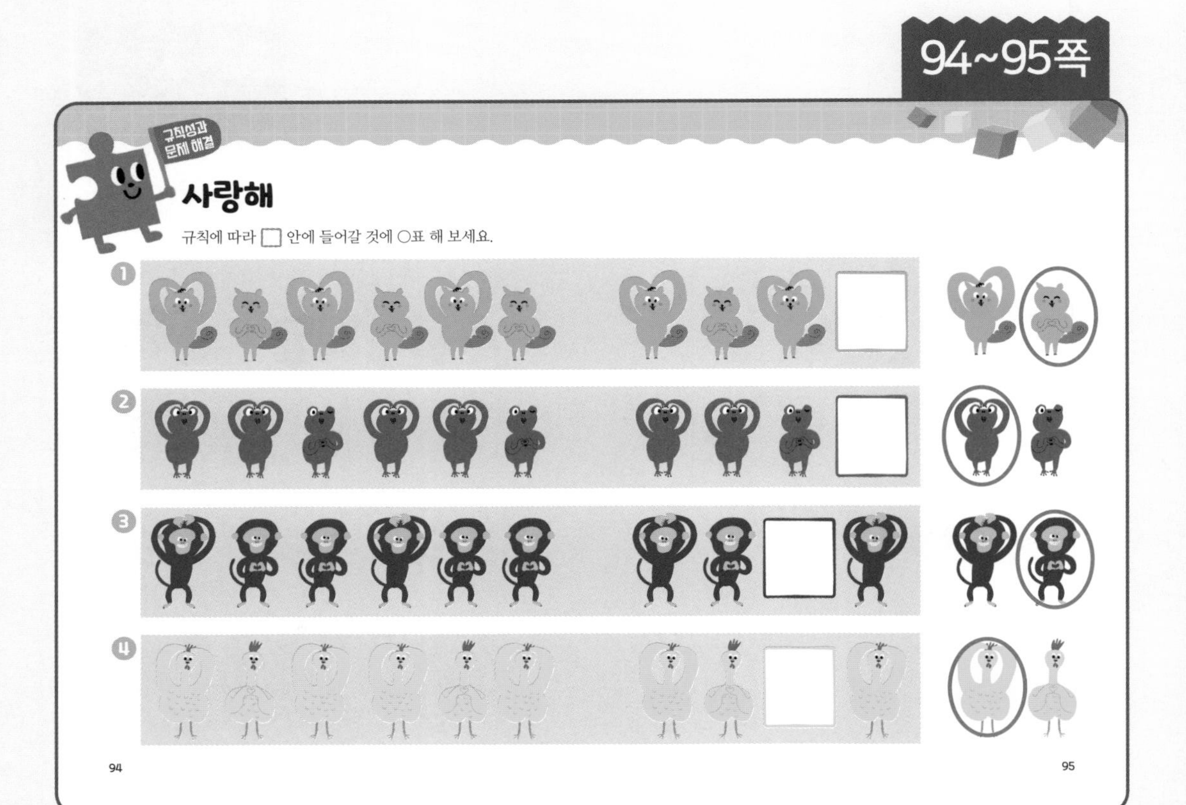

풀이

큰 하트와 손 하트가 되풀이되는 규칙 마디를 찾아 빈 곳에 들어갈 그림을 찾습니다.

1 큰 하트-손 하트가 되풀이되므로 빈 곳에 손 하트가 들어갑니다.

2 큰 하트-큰 하트-손 하트가 되풀이되므로 빈 곳에 큰 하트가 들어갑니다.

3 큰 하트-손 하트-손 하트가 되풀이되므로 빈 곳에 손 하트가 들어갑니다.

4 큰 하트-손 하트-큰 하트가 되풀이되므로 빈 곳에 큰 하트가 들어갑니다.

96~97쪽

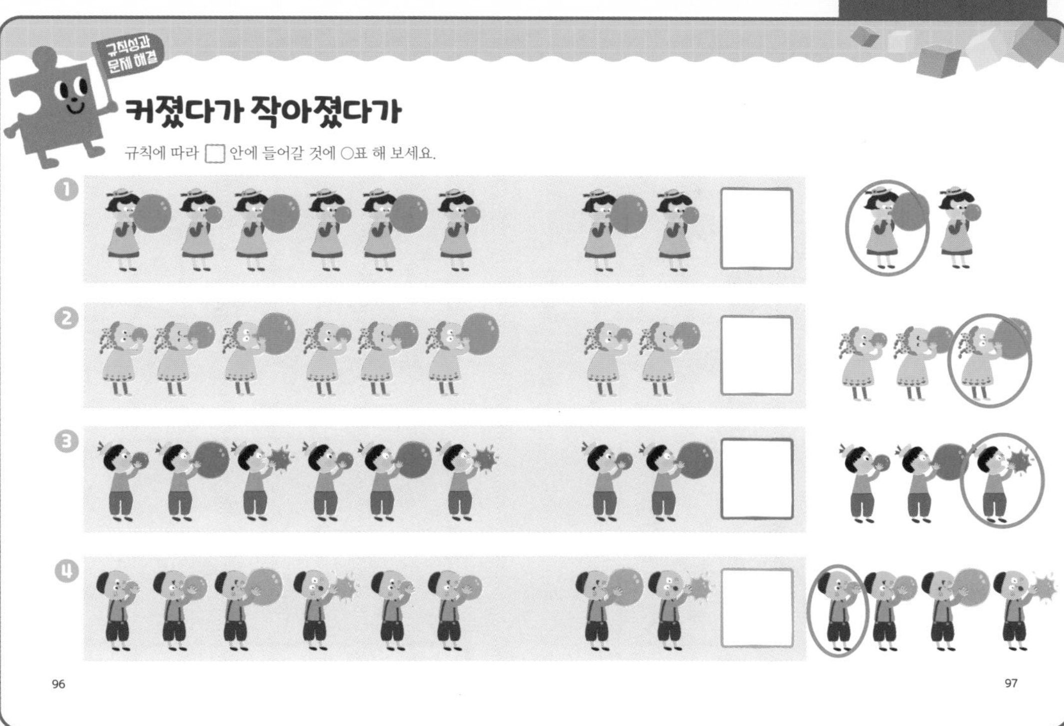
규칙성과 문제 해결
커졌다가 작아졌다가
규칙에 따라 □ 안에 들어갈 것에 ○표 해 보세요.
96
97

98~99쪽

규칙성과 문제 해결
청기 백기
규칙에 따라 □ 안에 들어갈 것에 ○표 해 보세요.
98
99

100~101쪽

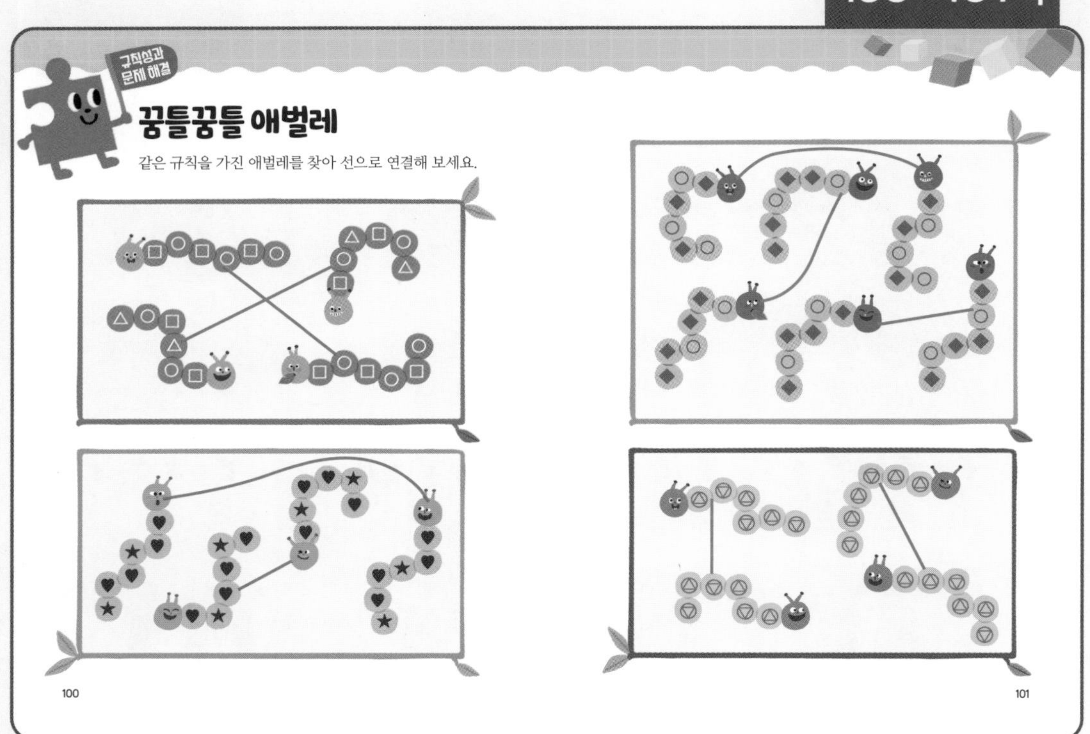

- □-○가 되풀이되는 애벌레끼리 연결합니다.
- ♥-♥-★이 되풀이되는 애벌레끼리 연결합니다.

풀이

- ◆-○가 되풀이되는 애벌레끼리 연결합니다.
  ○-◆-◆가 되풀이되는 애벌레끼리 연결합니다.
  ◆-○-◆가 되풀이되는 애벌레끼리 연결합니다.
- △-▽가 되풀이되는 애벌레끼리 연결합니다.
  △-△-▽가 되풀이되는 애벌레끼리 연결합니다.

102~103쪽

순서대로

동물 친구들이 버스를 기다려요. 그림을 보고 물음에 답해 보세요.

1 버스 정류장으로부터 세 번째에 있는 친구를 찾아 ○표 해 보세요.

2 토끼보다 늦게 온 친구를 찾아 ○표 해 보세요.

102

동물 친구들이 차표를 사려고 기다려요. 그림을 보고 물음에 답해 보세요.

3 코끼리와 고양이 사이에 있는 친구를 찾아 ○표 해 보세요.

4 코끼리보다 먼저 온 친구를 찾아 ○표 해 보세요.

103

1 정류장으로부터 너구리, 푸들, 코끼리, 토끼, 고양이가 순서대로 서 있습니다. 따라서 세 번째에 서 있는 동물은 코끼리입니다.

2 토끼보다 뒤에 서 있는 동물은 코끼리입니다.

3 코끼리는 세 번째, 고양이는 다섯 번째에 있으므로, 둘 사이에 있는 동물은 네 번째에 있는 토끼입니다.

104~105쪽

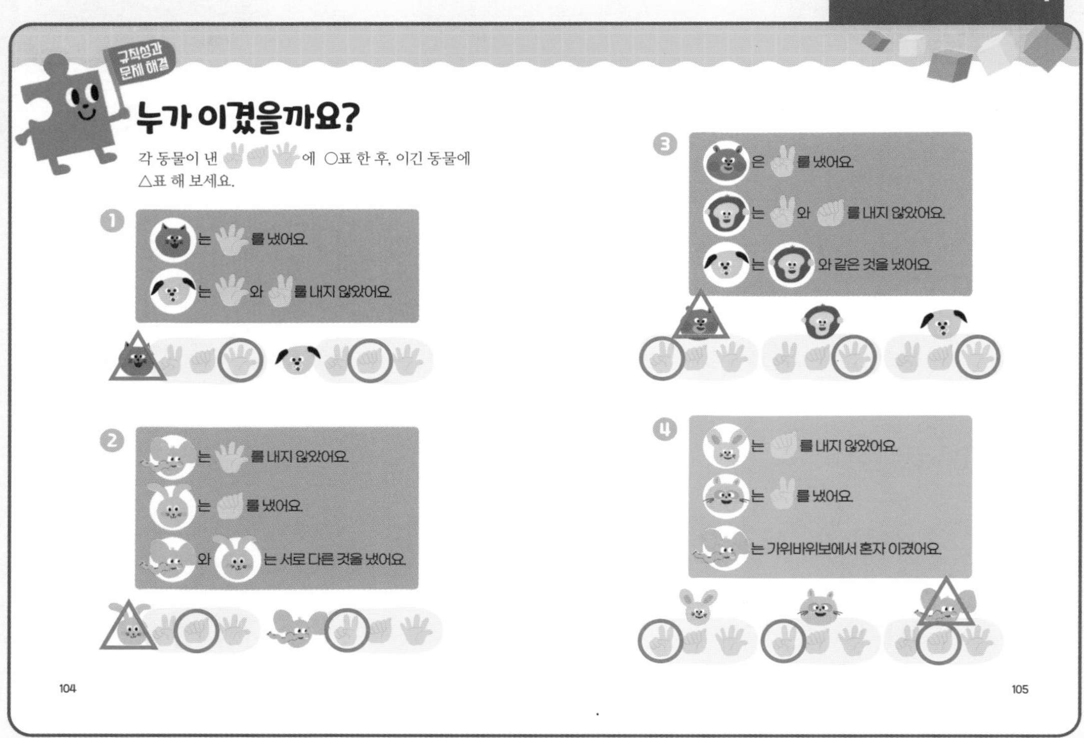

1 고양이는 보, 개는 바위를 냈으므로 고양이가 이겼습니다.

3 곰은 가위를 냈고, 원숭이와 개는 똑같이 보를 냈으므로, 곰이 이겼습니다.

4 쥐는 바위를 내지 않았으므로 가위나 보를 냈습니다.
너구리는 가위를 냈습니다.
코끼리 혼자 이겼으므로, 가위나 보를 낼 수 없습니다. 가위를 내면 너구리와 비기고, 보를 내면 너구리에게 지기 때문입니다. 따라서 코끼리는 바위를 냈습니다.
코끼리 혼자 이겼으므로, 쥐는 가위를 냈습니다.

106~107쪽

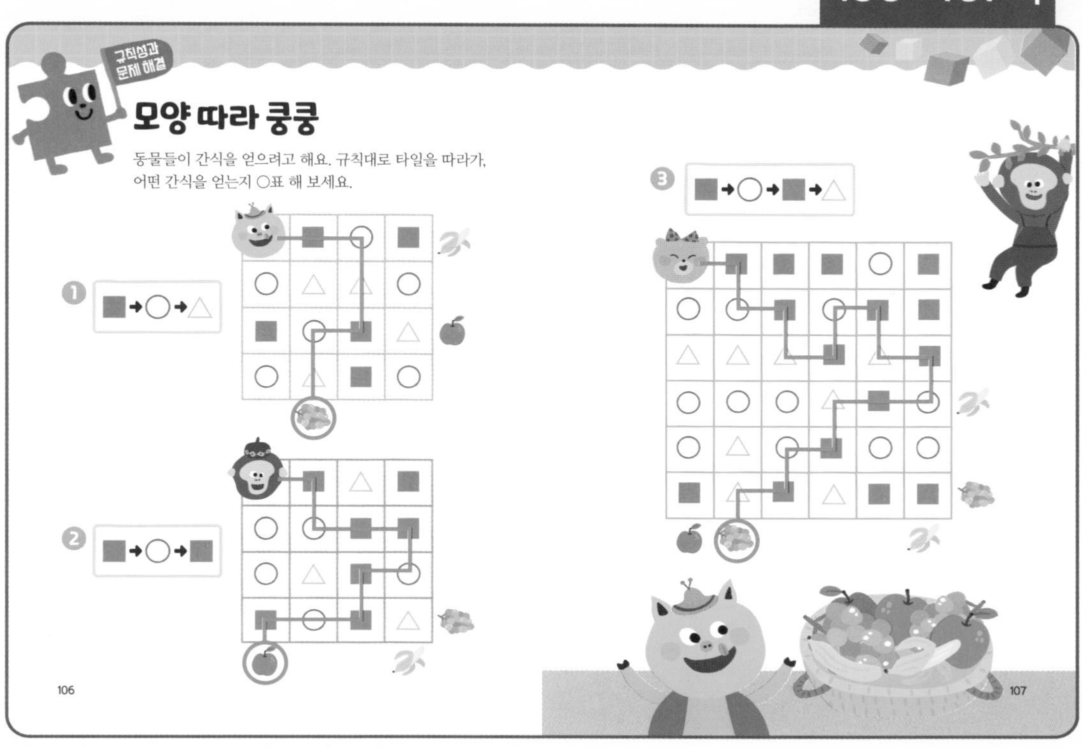

풀이

1 ■-○-△ 순서대로 따라가면 포도를 얻을 수 있습니다.

틀리기 쉬워요

규칙대로 따라가다가 중간에 멈춰서 다른 과일을 먹지 않도록 유의합니다.

108~109쪽

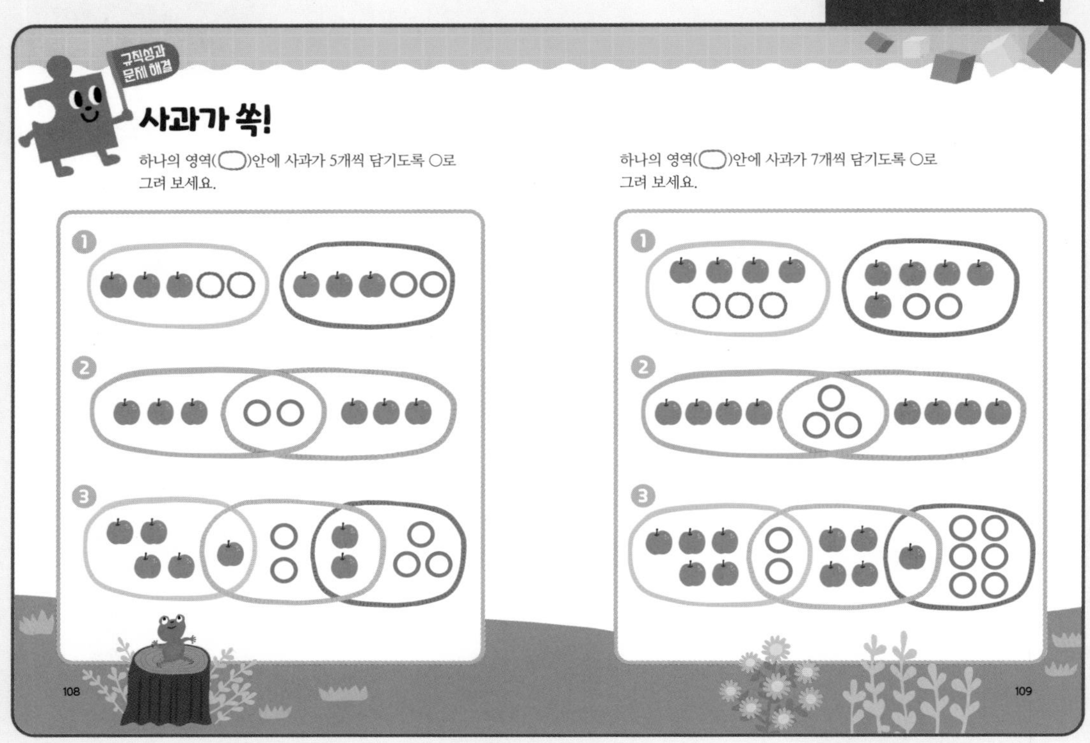

3 한 영역당 사과 5개가 되야 하므로 공동 영역 가운데에 ◯ 2개, 오른쪽에 ◯ 3개를 그립니다.

2 한 영역당 사과 7개가 되야 하므로 공동 영역에 ◯ 3개를 그립니다.

3 한 영역당 사과 7개가 되야 하므로 공동 영역 왼쪽에 ◯ 2개, 오른쪽에 ◯ 6개를 그립니다.

110~111쪽

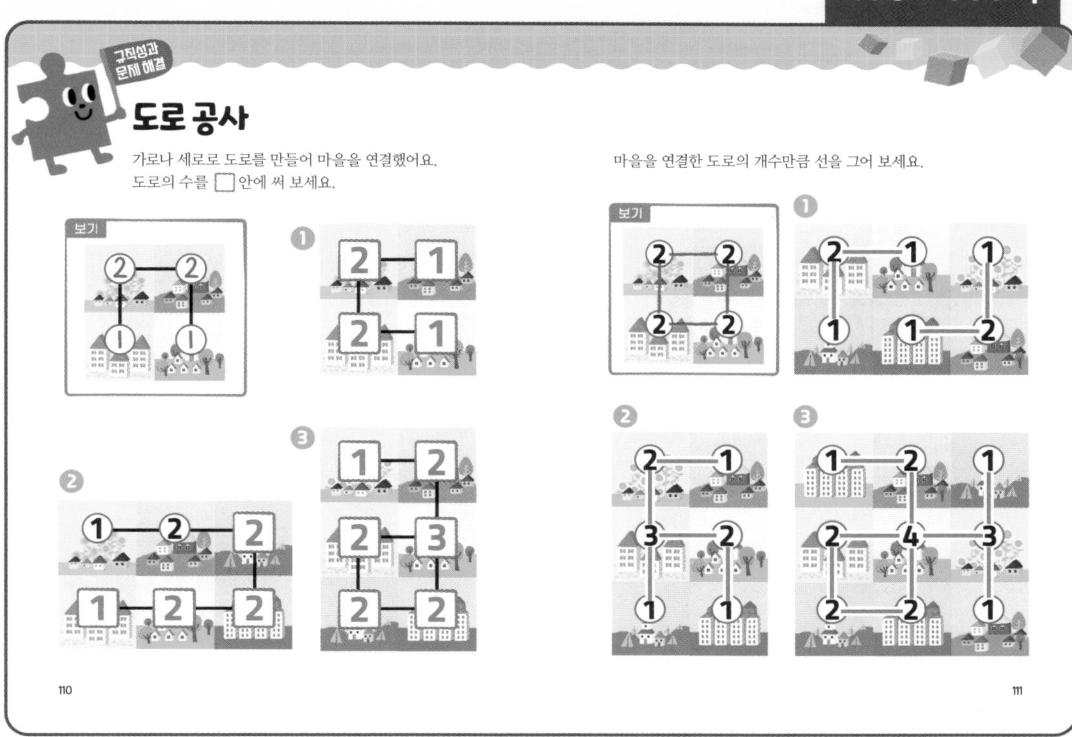

풀이

마을에 연결된 선의 개수를 셉니다.

풀이

도로의 수를 보고, 위나 아래, 옆 마을과 연결합니다.

112쪽

풀이

직접 색칠하면서 서로 다른 몇 가지 경우가 나오는지 확인합니다.

1 파란색 칸의 위치에 따라 서로 다른 4가지 옷이 나옵니다.

2 • 파란색 2칸이 붙어 있는 경우

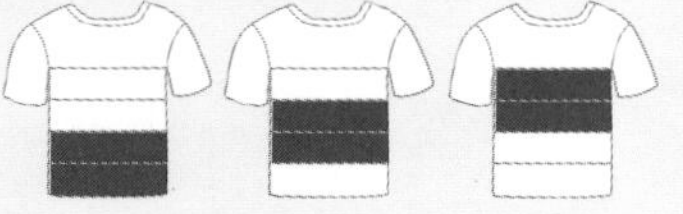

• 파란색 2칸이 떨어져 있는 경우

24쪽 세계 전통의상

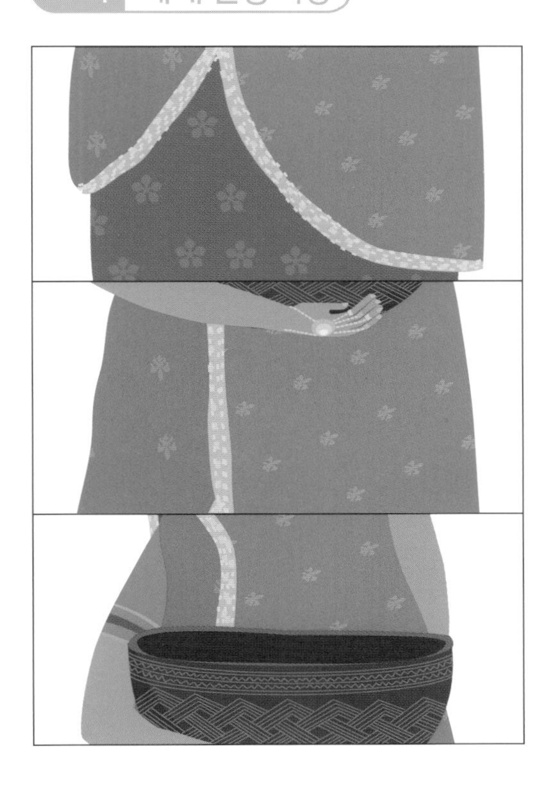

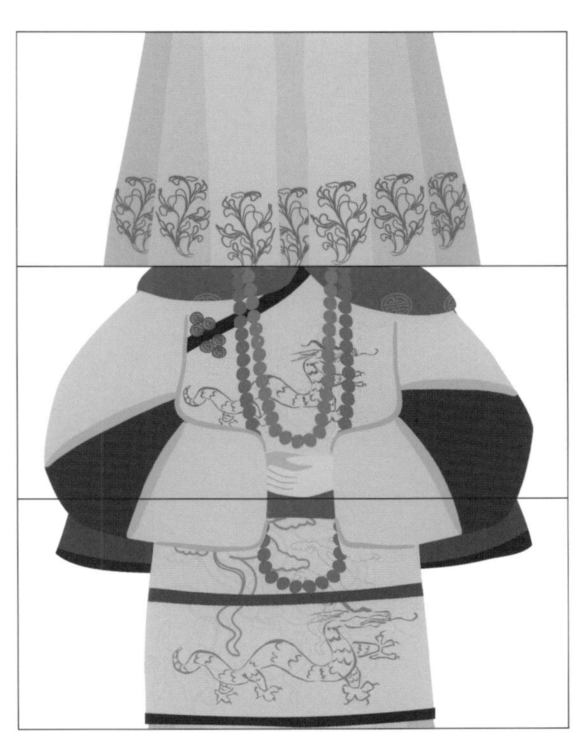

38-39쪽 쌍둥이 모양

72쪽 윈드차임

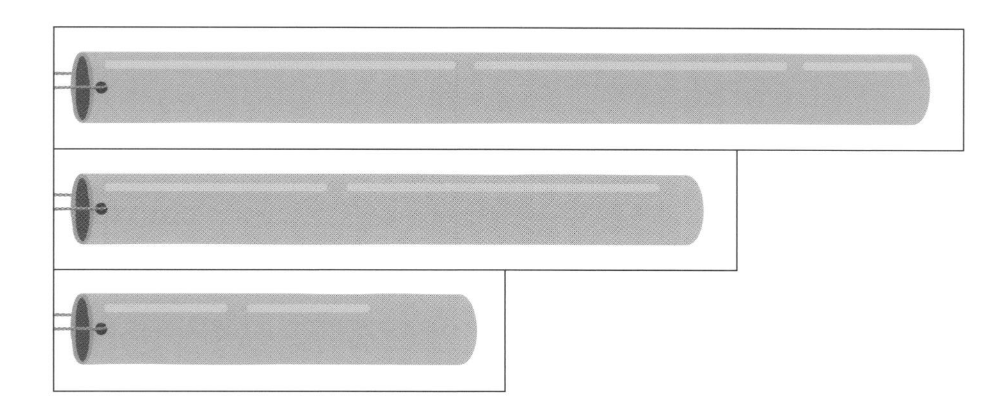

84-85쪽 손수건